80个经典配方分步解析

法国蓝带面包宝典

法国蓝带厨艺学院　著　汤旎　译

中国轻工业出版社

LE CORDON BLEU
1895
PARIS

前　言

这本由法国蓝带厨艺学院（后简称蓝带）撰写的《法国蓝带面包宝典》诚邀你开启一场全新的厨艺冒险。你可以仿效蓝带学生的学习方式，穿越于图文并茂的不同章节里，逐步掌握面包师这一行当的各项技能。例如：管理产品的发酵与烘烤；生产一系列的创新维也纳面包；习得各地的行业新技术等。此外，书中从传统长棍横跨至各色小面包的琳琅产品，在编录时兼顾了地域特色和国际视野，也能助你探索一个充斥着全新质地与风味的世界。

蓝带是世界一流的厨艺及酒店管理培训的教育机构，拥有超过125年的教育经验，提供从入门级到含证书和文凭的丰富课程，亦颁发餐饮、酒店、旅游领域的学士和硕士学位。蓝带已被至少20个国家认证，每年为2万名来自100多个国家和地区的学生提供在厨艺、甜点、面包、葡萄酒以及酒店管理等方面的培训。

蓝带和其他大学一起，共同开发高品质的课程，为学生们的职业选择保驾护航。蓝带的毕业生们也因此在众多领域大放异彩，例如：美食记者、评论家、侍酒师、葡萄酒经纪人、美食作家、美食摄影师、餐厅经理、营养师、主厨和企业家等。

从茱莉亚·查尔德[1]（Julia Child）到约塔姆·奥托伦吉[2]（Yotam Ottolenghi），蓝带的众多毕业生们以成功证实了我们的教学质量。许多校友亦被授予了极高的荣誉与奖项，例如：摘下米其林一星的加里马·阿罗拉（Garima Arora）、克拉拉·普伊赫（Clara Puig）、克里斯托保尔·穆尼奥斯（Cristobal Muñoz）；赢得2020年顶尖主厨大对决（Top Chef）的优胜者卢恰娜·百利（Luciana Berry）和杰西卡·王（Jessica Wang）等。这些优秀校友们在全球范围内获得的专业知名度让蓝带与有荣焉。

蓝带始终坚持追求卓越的教育理念，在全球的美食之都打造出与众不同的教学环境。杰出的米其林餐厅主厨和行业的专家们组成了蓝带的教学团队。蓝带的课程以高水准而赢得了全球的称誉。

---

[1] 美国传奇女主厨，作家和电视节目主持人，致力于推广纯正的法国料理，享有极高声誉。
[2] 以色列籍的英国厨师，餐厅老板和畅销美食书作家。

教学创新深深刻入了蓝带的基因中。多年来，我们紧跟世界烹饪艺术和酒店管理的时代趋势，推陈出新的课程便是这些观察结出的果实，目的只有一个：竭力帮助我们的学生拥有成功的职业生涯。须知在全球范围内，美食领域不断演变，蓝带与时俱进的课程唤起了大众对营养学、健康、全素饮食、食物科学、社会与环境责任产生的浓厚兴趣。

成为变革的参与者对蓝带而言并非新鲜事。法国记者马尔特·迪斯特（Marthe Distel）于1895年创办了蓝带，其先驱性的愿景即为所有人提供厨艺课程。蓝带为非专业人士搭建起与法国厨艺大师学习技艺的桥梁，以此获得了巨大成功。女性和国际学生亦在其列，蓝带于1897年迎来了第一位俄罗斯学生，1905年接收了第一位日本学生。直至1914年，蓝带在巴黎设立了第四所学校，赢得了这场革新之战。

时至今日，蓝带肩负着在全球推广美食的使命。我们的教学以法国烹饪艺术为基底，在传授国际通用准则的同时，亦兼顾了对地区性风味和习俗的尊重。此外，应不同国家教育部的需求，学院设置的部分课程里还涵括了秘鲁、巴西、墨西哥、西班牙、日本和泰国菜。蓝带不仅活跃在专业沙龙与国际竞赛里，我们亦和各国大使馆、地方政府、诸多机构积极合作，参与了大量庆祝世界各地文化、匠艺、风味以及食材的活动。

此外，蓝带会定期出版书籍，其中不少著作在世界范围内得到了广泛认可，甚至成为烹饪教学领域的准则。全球已经售出超过1400万册蓝带书籍，这些数字的背后是我们对美食爱好者的殷切鼓励，即使是刚起步的初学者，我们也非常荣幸能陪伴你发现新的厨艺技术，用以创造和品味美好的事物。

我希望这本《法国蓝带面包宝典》会让你爱上各种类型的面包，以及陶醉于制作的每一个步骤。烘烤一个面包，是发出一份与感官重新建立起联结的邀约，是发酵的魔法，是闻到炉中面团散发的美妙香气，是触碰一份独一无二的质地，是倾听面包掰开时发出的噼啪声响，亦是品尝刚出炉面包所赋予的美妙滋味。祝探索之旅愉快！

美食伙伴，

安德烈·君度（André Cointreau）

法国蓝带厨艺学院总裁

LE CORDON BLEU

LE CORDON BLEU
ACADEMIE D'ART CULINAIRE DE PARIS
SYDNEY CULINARY ARTS INSTITUTE

目　录

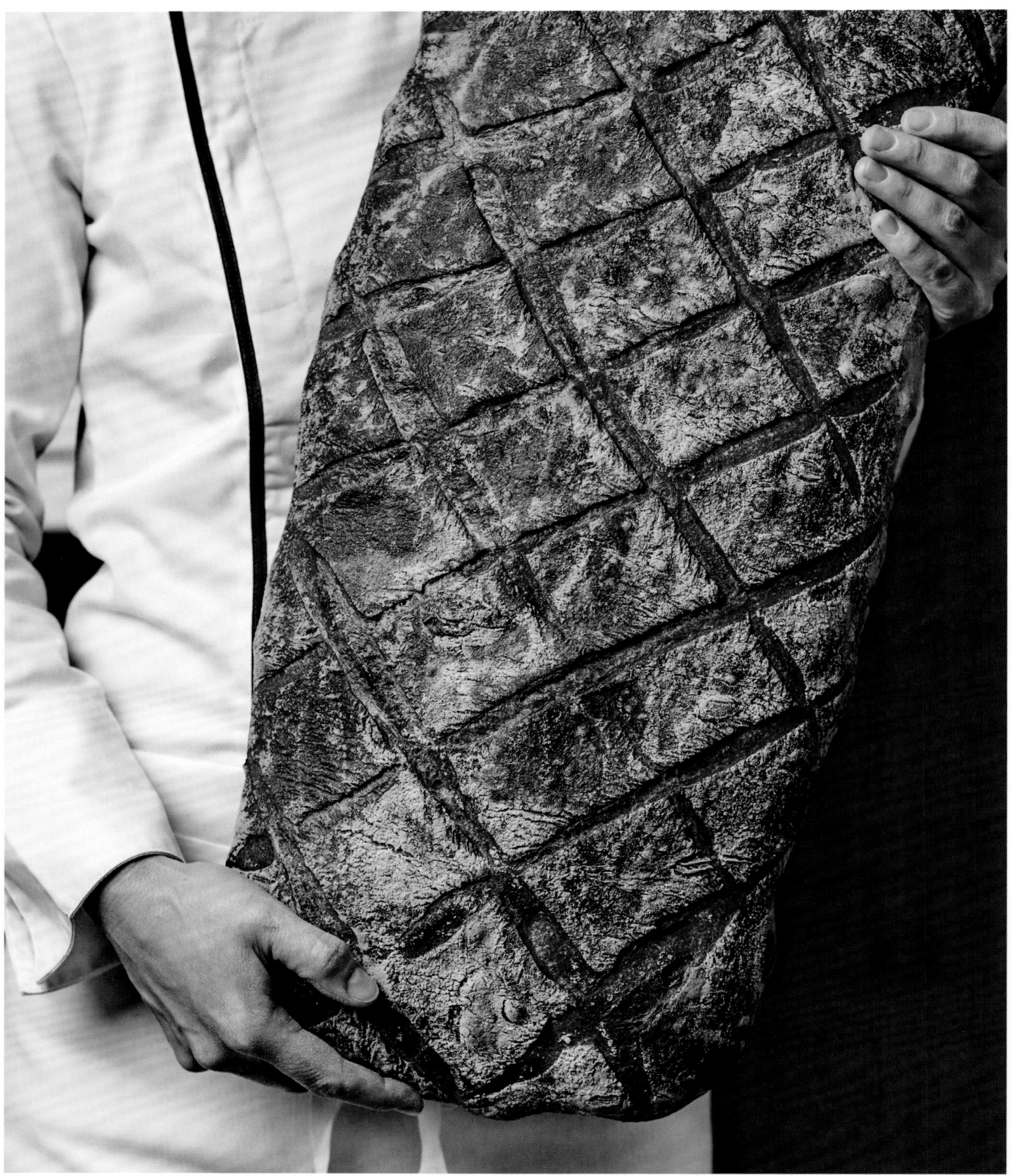

引 言

蓝带非常荣幸地向诸位介绍这本《法国蓝带面包宝典》，它代表了拉鲁斯出版社的高水准出品，亦融合了蓝带的教学理论与厨艺技能。

在这本书里，你会学习到传统、现代和国际面包的精华，同时涉及维也纳面包和一些美味的小吃。来自五湖四海的蓝带主厨们独家为你呈现超过80个绝妙配方，不仅图文并茂，亦兼顾初学者和高阶者的水平。

从传统面包和维也纳面包到更为精致的特色产品，受益于我们极具盛名的教学方式，你在家也可复制出这些蓝带的大师之作。此外，蓝带亦将烘焙的基础准备工作以图解的方式逐一展示，帮助你更好地理解和确保制作的成功。

蓝带的主厨们醉心于创作独家食谱，但同样乐意传授关于技巧和食材的小秘诀。你也会习得一些减少厨房食物浪费的妙招。

本书是继《法国蓝带巧克力宝典》和《法国蓝带糕点圣经》后推出的新作品，借拉鲁斯出版社之手重申了蓝带的责任：在法国和世界范围内传播专业技艺、推广当代美食模式。

对于渴望尝试尖端创造或者复制经典配方的厨艺爱好者，这本翔实的圣经将邀请你一道探索面包的世界，见识到法国本土与世界各地饮食文化的丰富，一如我们在蓝带教授的那般。新的厨艺挑战即将开启。

让这本书成为你的向导吧，你所要做的第一步，就是将手放在面团上。

主厨　奥利维耶·布多（Olivier Boudot）

蓝带面包技术总监

蓝带的里程碑时刻

1895年 法国女记者玛尔特·迪斯特（Marthe Distel）创办了《蓝带厨艺》（*La Cuisinière Cordon Bleu*）杂志，同年十月，杂志读者被邀请参加蓝带的首批厨艺课程。

1897年 蓝带巴黎招收了第一位俄罗斯学生。

1905年 蓝带巴黎培养了第一位日本学生。

1914年 蓝带在巴黎成立了4所学院。

1827年 伦敦《每日邮报》于11月16日报道了对蓝带巴黎的访问："在蓝带的厨艺课堂上，同时看到8个不同国家的学生是很常见的事情。"

1933年 受训于顶级主厨亨利–保罗·佩拉普拉特（Henri-Paul Pellaprat）的毕业生罗斯玛丽·休姆（Rosemary Hume）和狄俄涅·卢卡斯（Dione Lucas）在伦敦创立了蓝带分校和蓝带餐厅分店。

1942年 狄俄涅·卢卡斯在纽约开设了蓝带分校和蓝带餐厅分店。她还撰写了关于蓝带厨艺的畅销书《蓝带烹饪大全》（*The Cordon Bleu Cook Book*，1947年），同时还是第一位在美国主持厨艺类电视节目的女性。

1948年 蓝带获得五角大楼的认可，为在欧洲服役后的年轻美国士兵提供职业技能课程。前美国战略情报局（OSS）成员茱莉亚·查尔德就曾在蓝带巴黎学习厨艺。

1953年 蓝带伦敦创作了"加冕鸡（Coronation Chicken）"这道菜肴，并成为英国女皇伊丽莎白二世加冕典礼午餐会中给尊贵外宾享用的菜肴。

1954年 由好莱坞导演比利·怀尔德执导、奥黛丽·赫本主演的电影《龙凤配》的成功，为蓝带学院带来日益高涨的名气。

1984年 作为人头马和君度这两大品牌创始人的后裔，君度家族取代了自1945年以来便担任蓝带巴黎院长的伊丽莎白·布拉萨特，接任蓝带巴黎的主席职位。

1988年 蓝带巴黎校区从埃菲尔铁塔附近的战神广场迁至位于巴黎第15区的莱昂·德洛姆大街，法国前总理爱德华·巴拉杜尔主持了新校区的剪彩典礼。同年，蓝带渥太华开始招生。

1991年 蓝带首先在东京开设分校，随后在神户也开设了分校，后者被称为"日本的小法国"。

1995年 蓝带成立100周年。

中国上海市首次派遣厨师前往国外，在蓝带巴黎接受培训。

LE CORDON BLEU
PARIS

1996年 蓝带应澳大利亚新南威尔士州政府的邀请，在悉尼成立分校，并为在筹备中的2000年悉尼奥运会提供厨师培训。随后在阿德莱德分校设置了管理学学士和硕士课程，并开展酒店、餐饮、烹饪艺术和葡萄酒领域的学术研究。

1998年 蓝带与美国职业教育集团（CEC）签署了一份独家协议，向美国输出其高质量教学，以及提供独家的厨艺和酒店管理副文凭（Associate Diplomas）[1]。

2002年 蓝带韩国和蓝带墨西哥开始招收第一批学生。

2003年 蓝带在秘鲁成立分校，成为秘鲁第一家厨艺学院。

2006年 蓝带与泰国都喜国际集团合作成立了蓝带泰国。

2009年 蓝带旗下所有的机构都参与了电影《茱莉和茱莉娅》的宣发，在此片中，梅丽尔·斯特里普扮演了蓝带巴黎的毕业生茱莉亚·查尔德。

2011年 蓝带与西班牙的弗朗西斯科·德·维多利亚大学（l'Université Francisco de Vitoria）合作在马德里开设分校。

蓝带推出了首批线上课程：美食旅游硕士。

日本超过法国，成为世界上拥有最多米其林三星餐厅的国家。

2012年 蓝带与马来西亚双威大学（Sunway University）合作成立马来西亚校区。

蓝带伦敦搬迁至布鲁姆斯伯里区。

蓝带在新西兰惠灵顿开设分校。

---

[1] 高于高中或预科文凭，低于学士学位文凭。

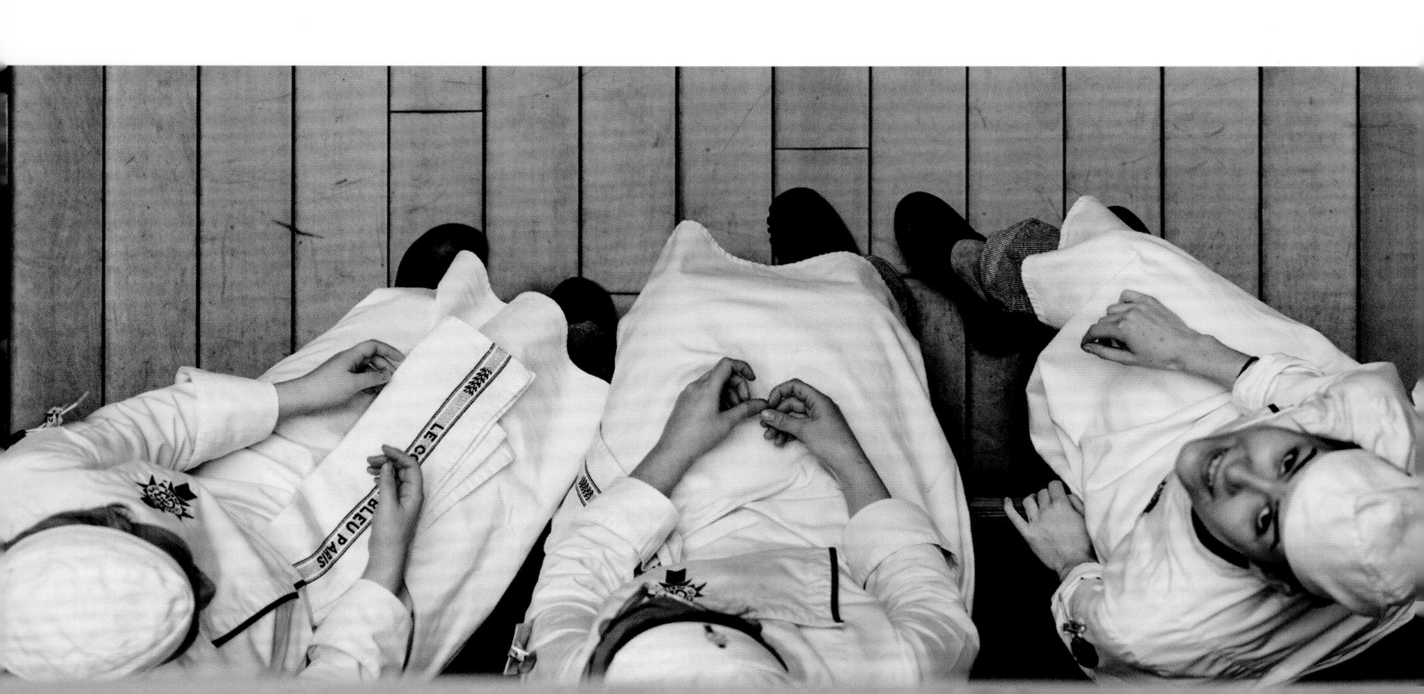

2013年	蓝带伊斯坦布尔正式落成。 蓝带泰国获得“亚洲顶级烹饪学校”大奖。 蓝带与菲律宾的马尼拉雅典耀大学（Ateneo de Manila University）签署协议，设立菲律宾分校。
2014年	蓝带在印度开设餐饮和酒店管理学士学位课程。 蓝底黎巴嫩与蓝带高级美食学院庆祝成立10周年。
2015年	蓝带在世界各地举办成立120周年的庆典活动。 蓝带上海开始招生。 蓝带与智利的菲尼斯特拉大学（Finis Terrae）合办蓝带圣地亚哥分校。
2016年	蓝带巴黎离开位于莱昂·德洛姆大街的旧校址，搬迁至15区的塞纳河沿岸。新校区占地面积4000平方米，专注于葡萄酒、酒店管理、餐饮管理以及烹饪艺术课程。蓝带巴黎还和巴黎多芬大学（Dauphine-PS）合作设置了2个学士学位课程。
2018年	蓝带秘鲁获得了大学资质。
2020年	蓝带庆祝成立125周年。 蓝带在巴西的里约热内卢设立了一家招牌餐厅，并推出认证的在线高等教育课程。
2021年	蓝带的新课程更侧重于创新与健康，包括营养学、健康学、素食料理以及食品科学。蓝带亦与众多知名机构一并开展研究并授予如下学位：综合食品科学学士学位（与渥太华大学合作），创新烹饪管理科学硕士学位（与伦敦大学伯克贝克分校合作），以及国际酒店和烹饪领导力的工商管理硕士（与巴黎多芬大学合作）。

LE CORDON BLEU

LE CORDON BLEU
1895
PARIS

LE CORDON BLEU
REGENCY INTERNATIONAL CENTRE
EXECUTIVE SUITE

全世界的蓝带机构

蓝带法国巴黎

13-15, quai André Citroën 75015 Paris, France

蓝带英国伦敦

15 Bloomsbury Square London WC1A 2LS United Kingdom

蓝带西班牙马德里

Universidad Francisco de Vitoria Ctra. Pozuelo-Majadahonda Km. 1,800 Pozuelo de Alarcón, 28223 Madrid, Spain

蓝带国际

Herengracht 28 Amsterdam, 1015 BL, Netherlands

蓝带土耳其伊斯坦布尔

Özyeğin University Çekmeköy Campus Nişantepe Mevkii, Orman Sokak, No:13 Alemdağ, Çekmeköy 34794 Istanbul, Turkey

蓝带黎巴嫩

Burj on Bay Hotel Tabarja-Kfaryassine Lebanon

蓝带日本

Ritsumeikan University Biwako/ Kusatsu Campus 1 Chome-1-1 Nojihigashi Kusatsu, Shiga 525-8577, Japan

蓝带韩国

Sookmyung Women's University 7 th Fl., Social Education Bldg. Cheongpa-ro 47gil 100, Yongsan-Ku Seoul, 140-742 Korea

蓝带加拿大渥太华

453 Laurier Avenue East Ottawa, Ontario, K1N 6R4, Canada

蓝带墨西哥

Universidad Anáhuac North Campus Universidad Anáhuac South Campus Universidad Anáhuac Querétaro Campus Universidad Anáhuac Cancún Campus Universidad Anáhuac Mérida Campus Universidad Anáhuac Puebla Campus Universidad Anáhuac Tampico Campus Universidad Anáhuac Oaxaca Campus Av. Universidad Anáhuac No. 46, Col. Lomas Anáhuac Huixquilucan, Edo. De Mex. C.P. 52786, México

蓝带秘鲁

Universidad Le Cordon Bleu Peru (ULCB) Le Cordon Bleu Peru Instituto Le Cordon Bleu Cordontec Av. Vasco Núñez de Balboa 530 Miraflores, Lima 18, Peru

蓝带澳大利亚

Le Cordon Bleu Adelaide Campus Le Cordon Bleu Sydney Campus Le Cordon Bleu Melbourne Campus Le Cordon Bleu Brisbane Campus Days Road, Regency Park South Australia 5010, Australia

蓝带新西兰

52 Cuba Street Wellington, 6011, New Zealand

蓝带马来西亚

Sunway University No. 5, Jalan Universiti, Bandar Sunway 46150 Petaling Jaya, Selangor DE, Malaysia

蓝带泰国

4, 4/5 Zen tower, 17th-19th floor Central World Ratchadamri Road, Pathumwan Subdistrict, 10330 Pathumwan District, Bangkok 10330 Thailand

蓝带中国上海

2F, Building 1, No. 1458 Pu Dong Nan Road Shanghai China 200122

蓝带印度

G D Goenka University Sohna Gurgaon Road Sohna, Haryana India

蓝带智利

Universidad Finis Terrae Avenida Pedro de Valdivia 1509 Providencia Santiago de Chile

蓝带巴西里约热内卢

Rua da Passagem, 179, Botafogo Rio de Janeiro, RJ, 22290-031 Brazil

蓝带巴西圣保罗

Rua Natingui, 862 Primero andar Vila Madalena, SP, São Paulo 05443-001 Brazil

蓝带中国台湾

NKUHT University Ming-Tai Institute 4F, No. 200, Sec. 1, Keelung Road Taipei 110, Taiwan, China

蓝带股份有限公司

85 Broad Street-18th floor, New York, NY 10004 USA

从揉面到烘烤

烘焙：一种职业，一份激情，彼此敞开

面包在世界范围内的众多饮食文化里都被视作基石。虽然它几乎只由面粉和水制成，但是各地的美食家们又发展出了许多不同的版本，一些需要酵母发酵，一些则无须发酵。在面包师正式成为一种职业之前，有关烘焙的技艺只能靠代代相传来保证行业机密和创新的存续。如果没有每天辛苦制作面包的男人和女人们，我们现在所熟知的面包形状和风味，也就不复存在。

面包师这一如同世界般古老的职业，面向他人，以传播科学和工艺为使命，亦包括哲学和历史。分享制作秘密、面粉种类、搅拌技巧，甚至不同面团的整形方式，皆是面包师工作的组成部分。通过这种传递，每个人都以自身反哺行业，最终推动行业技术与产品的不断创新。

烘焙是一项与身体和感官相连的工作。通过听觉、视觉、嗅觉、触觉和味觉，制作者与原材料保持同步，并始终和他的创作相融合。人们常说不同的面包师会做出不同的面包。的确，面团因其成分构造，以及发酵步骤而变幻莫测，对制作者的手法极为敏感。同一个配方可能产生不同的面包，这取决于不同制作者对于面粉的搅拌、面团的处理以及烘烤方式的选择。

在这个飞速运转的互联网世界里，我们时刻处于紧绷的状态。运用双手的力量制作面包能让我们得以喘息，种种操作步骤驱散了所有的急躁，让我们静下心来，倾听自己的直觉，获得味蕾的至高愉悦。

此外，不管是独自一人，还是作为一个团队制作面包，都是种极大的乐趣。脱离了物质的世界，身处当下，只为创造并赋予产品生命，面包师的激情由此而生。享受搅拌、整形、面团发酵的乐趣，面包随后被送入烤箱，它散发出的香气，以及在炉内的膨胀，都赋予了面包师极大的满足与骄傲。

面包师是要求具备丰富经验的职业，必须掌握大量参数，才能做到用简单的原料生产出优质的产品。必须通过制作大量的面包才能发现问题，调整改进，最终收获最佳成果。

在不断地练习中建立起信心。获取的知识和技能越多，越能自由创作，开发出新的产品，在风味、形状和组合上进行突破。每个人都能借此表达自己的敏感、技术以及天赋，并与他人一道分享这个硕果。

面包的原材料

小麦粉（面粉）

面粉是面包制作中不可缺少的原材料，它是小麦经过不同研磨步骤后得到的产物。在众多的小麦品种里，我们主要收割以及食用如下三种：软小麦，即普通小麦；硬小麦；以及米塔丁小麦（blés mitadins）。我们主要使用的面粉来自软小麦家族，它们含有大量的淀粉和软麸质，喜欢温和的气候，在法国，通常在十月和十一月播种，夏季收割。

小麦籽粒的组成

小麦籽粒很小，为5～9毫米，呈卵圆形，一面隆起，一面扁平，顶端长有绒毛。籽粒本身由三部分组成：外壳，胚芽和胚乳。

- **外壳。**即果皮，它覆盖住整个小麦籽粒，占籽粒总重的13%～15%。它有三层组织：外果皮，中果皮和内果皮。这三者起到保护谷物的作用，经研磨后可以制成麸皮。
- **胚芽。**位于小麦籽粒的末端，占总重的2%。因其富含油脂，研磨时会被去除，避免影响面粉的长期储存。
- **胚乳。**占小麦籽粒总重的80%～85%，包含淀粉和麸质。经研磨后可以制成面粉。

面粉大部分由淀粉构成，没有淀粉，就不可能进行发酵。淀粉是一种复杂的碳水化合物，在制作面包的面粉里，它以两种形式存在：占比例更多的健全淀粉，以及因研磨造成的受损淀粉。后者在搅拌时吸收水分与爆裂的能力惊人，酵母首先转化的也是受损淀粉。

小麦籽粒中也含有蛋白质，能形成细小、柔软以及具备抵抗力的纤维素。在搅拌过程中，它们被水合、膨胀、细化以及展开，最终形成面筋，也被称为“麸质网状结构”。这个足够细密与结实的网络可以封存酵母产生的二氧化碳。

面粉的品质和类型

好品质的面粉对于面包的制作至关重要。如今，面粉厂与农业从事者的合作极为密切，目的自然是为了获取最好的制粉原材料。值得一提的是，这些作物越来越多的以“合理农业（culture raisonnée）[1]”的方式进行种植。拥有高质量蛋白质的不同小麦品种被筛选出来，一起研磨，最终制成全年质量稳定的面粉。

根据不同的等级，面粉被划分为不同的类型（type），其对应的是面粉样品焚烧后残余的灰分或矿物质的比例。根据这些含量的比例，每种类型的面粉都被赋予一个数字。灰分含量越少，面粉就越白，T后面的数字就越小。例如：T45面粉就是最细、最白以及最精炼的面粉；而T150面粉则最粗糙，含有最多的小麦籽粒外壳和麸皮的残留物。面粉的类型也因不同的国家而有不同的分类法，将它们一一对应并非易事。

主厨小贴士：类型后面的数字并不对应面粉所含的麸质，而是面粉焚烧后剩下的灰分或者矿物质的含量。麸质的含量不以类型来标记，而是用百分比。在法国面粉里，通常含量为9%～12%。

[1] 此概念出现在法国政府2002年4月25日颁布的2002-631号法令里。目的是在生产和环境之间取得平衡，但并非有机农业。

法国常见的小麦粉

- **T45面粉。**主要用于发酵面团和糕点。
- **精细白面粉。**通常为T45或者T55，也被称作强力面粉，富含麸质和蛋白质，烘焙力较普通小麦粉更强，主要用于发酵面团（如：维也纳面包）。
- **T55面粉和T65面粉。**最常用的面粉，主要用于制作长棍和传统法式长棍。
- **T80面粉或棕面粉。**主要用于制作乡村面包或者特殊面包。
- **T110面粉。**为半全麦粉，主要用于特殊面包的制作。
- **T150面粉。**含有许多麸皮的全麦粉，主要用于全麦面包或者麸皮面包的制作。石磨全麦粉T150 则保留了小麦的全部成分：外壳，胚乳和胚芽。

面包制作中，T65是用得最多的面粉。传统法式面粉便是一款由数个精心挑选的小麦制成的T65。它的生产严格遵循了法国1993年颁布的面包法令。该法令规定面包师需使用不含添加剂的面粉制作面包，以此优化面包的风味并改善质量。

近年来，越来越多使用古老小麦品种的面粉被挖掘和使用，如波尔多红小麦（Rouge de Bordeaux）和玛晏无芒小麦（Touselles de Mayan），这些面粉被称为“古老的品种”，含有更丰富的纤维和更少的麸质，经不起长时间的搅拌。但在健康方面有着极大的优势，用它们制作的面包更容易消化，升糖指数更低。

其他粉类

- **裸麦粉。**麸质含量低，处于T130和T170之间。
- **荞麦粉。**也被称为“黑麦粉”，不含麸质。
- **玉米粉。**不含麸质，所以不能单独用它制作面包。
- **大麦粉。**主要用于制作某些食物，如：粥、煎饼等。
- **麦芽粉。**制作面包时使用的一种添加剂，通常由发芽的大麦制成（也可使用其他谷物）。它能以极小的剂量添加在缺乏强度的面团里，或者无麸质粉类制成的面团里，例如荞麦面团。
- **酒糟粉。**由啤酒酿造后剩余的麦芽残渣制成。这些残留物被烘干、研磨，最后得到富含蛋白质、膳食纤维和矿物质的粉类。一如我们前面列举的麦芽粉，酒糟粉也只能少量添加在制作面包的面团中。

- **燕麦粉、斯佩尔特小麦粉、栗子粉、鹰嘴豆粉、呼罗珊小麦粉或其他粉类。**因为缺乏麸质，它们都只能少量的用于面包制作中。为了避免面团产生缺陷，其添加量通常仅为面粉总重的10%～30%。

酵母

酵母以数种形式存在。在面包业里，最常见的是新鲜酵母，即微型真菌（酿酒酵母）的一种。当酵母与水、面粉混合后，会以面粉中的各种糖类为食，引起发酵，并释放出二氧化碳。

不同类型的酵母

- **新鲜酵母（La levure fraîche de boulanger）。**呈乳白色块状物，质地易碎，带有令人舒适的气味。

- **速溶干酵母（La levure sèche instantanée）。**也被称作“冻干（levure lyophilisée）”或者“脱水（déshydratée）”酵母。若手头没有新鲜酵母，我们可以取其分量一半的速溶干酵母来代替。
- **活性干酵母（La levure sèche active）。**呈细小颗粒或者细珠状。与速溶干酵母不同的是，它在使用前必须再度水合，即添加到面团之前，先放入液体里溶解，激发活性。

酵母在制作中的用量

酵母的使用量随如下因素而变化：

- **气候。**冬天使用的酵母量比夏天多。在潮湿又炎热的地区，酵母的用量需要减少。
- **产品。**油脂的添加会增加面团的重量，这也使得我们有必要增加酵母的用量。
- **制作过程。**过程越短，需要的酵母越多。

储存

新鲜酵母应储存在冰箱冷藏室里，温度为4～6℃。低于0℃，酵母细胞会受损，发酵能力减弱；超过50℃，细胞会被高温破坏，酵母就不能再使用。

酵母也不可以直接与糖或者盐接触，因为盐和糖的高渗透压会导致酵母脱水死亡，其作用会被削弱。

水

在面包的制作过程中，水引发所有的化学反应。搅拌时，水使得酵母菌繁殖，麸质被水合。

水的质量非常重要。富含矿物质的水会收紧麸质网状结构，加速发酵。水也影响着面团的质地：如果面粉与水的分量相同，面团质地会随着加入水的比例而变化。

根据含水量的不同（详见本书第30页），我们划分出三种类型的面团：

- **软面团（pâte douce）。**面粉含水量超过70%，这种类型的面团需要静置足够长的时间来获得强度和耐受度（例如：洛代夫面包）。
- **中等面团（pâte bâtarde）。**处于软硬之间的面团，含水量为62%，非常容易整形（例如：乡村面包）。
- **硬面团（pâte ferme）。**含水量位于45%～60%的面团（例如：无预先发酵的白长棍）。

盐

盐在面包的制作中扮演着重要的角色。它有助于增强面团的延展性和韧性，并能促进均匀且持久的发酵。盐也会影响到面包的外壳和颜色，它的存在使外壳质地更薄、更酥脆、更有颜色（没有盐的面包总是呈现苍白色）。

最后，因为盐的吸湿性，它可以改善面包的储存：在干燥的环境里，盐可以延缓面包的老化和外壳的硬化，有助于储存。但是在潮湿的环境里，它会使面包外壳软化，无法锁住面包体内的水分，从而加速面包老化的进程。

精炼细盐也可以用海盐代替。

其他原材料

- **油脂。**能使产品拥有更细密的气孔和更柔软的外壳，从而延长储存期。最常使用的油脂是油和黄油。
- **糖。**能促进发酵，赋予产品味道和颜色，同样也能改善储存。
- **鸡蛋。**能使面团更柔软。面包的内里更加软和，颜色更深，体积更大。
- **牛奶或淡奶油。**可以在增加面团重量的同时延缓发酵，使发酵更为规律和一致。因此有时候必须增加酵母的用量。

面团含水量

含水量对应的是配方里水的用量，常用百分比表示，通常为50%～80%（详见本书第29页的面团类型），但是依据具体使用的面粉，这个数值有可能会更高。

含水量随如下几个因素变动：

- **面粉的烘焙力[1]和麸质的含量。**麸质拥有相当强大的吸水能力，因此在决定面团的含水量中扮演着至关重要的角色。
- **面粉的湿度。**不能超过16%。
- **面粉的类型。**全麦粉因其所含的纤维，较白面粉能吸收更多的水分。
- **面包坊的相对湿度。**根据所处环境的湿度而变化，软面团适于在干燥的环境里进行操作，硬面团则需要在潮湿的环境中操作。

基础温度

每一位面包师都竭力于保证每日出品的面包的稳定性。为了达到最优发酵状态，面团的出缸温度需控制在23～25℃。如果用延时发酵法，则为20～22℃。为此，我们唯一可干预的参数为加入面团的水温。

为了得到期望的面团出缸温度，面包师将“基础温度”这一概念融入每个配方的制作之中。掌握了它，便能计算出配方中所需的水温。

[1] 可理解为弹性和延展性，也是制成的面团具备抵抗变形的“强度”。在法国通常使用肖邦吹泡稠度仪来测量具体数值。

基础温度由专业的面包师根据使用的厨师机类型，以及搅拌的强度和时长所确定。如果是手工揉面，基础温度会更高，这是因为人手较机械对面团的加热程度稍轻。此外，以黑麦为原材料制成的麸质含量较低的面团，其相对应的基础温度也更高。

水温的计算

用于计算配方中水温的公式很简单：只需要知晓基础温度（通常标记在面包配方里）、室温以及所用面粉的温度即可。

例如，在一个配方中，基础温度确定为75℃，我们将室温（21℃）与面粉温度（22℃）相加，然后用基础温度减去这个和即可。

计算如下：

21 + 22 = 43

75 − 43 = 32

因此，所需水温为32℃，这样才能保证在搅拌结束时，面团的温度为23～25℃。

预发酵的方法

烘焙中存在着数种不同类型的酵头：老面、种面、波兰种以及需要固定续养的鲁邦液种和鲁邦硬种。它们都是用新鲜酵母或者天然酵母种提前制成，再添加到总面团的原材料里。

预发酵可以加速发酵进程，缩短搅拌和最终发酵时长。用它制成的面包拥有如下优势：风味更为突出；内瓤气孔更多；营养价值较其他面包更高；更易于消化以及储存期更长。

波兰种（Poolish）

波兰种由面粉、水和酵母组成。波兰种里面粉和水的比重相同，含水量极高。波兰种的运用无论是对制作流程，还是面包口感都助力良多。它能增加面团在操作时的弹性和烘焙力，也能提高面团在最终发酵时的发酵耐力。

用波兰种制作的面包风味浓郁，内瓤呈奶油色，气孔密集，外壳非常酥脆，存储期限也相应延长。

使用：波兰种分为法式和维也纳式两种，以加入波兰种后，水的分量为区分。法式波兰种里的水为总面团面粉重量的50%，因此也被称作“半液态波兰种”。而维也纳式波兰种里的水占到了总面团面粉重量的80%。请注意，在制作某些特殊面包时，面粉会被谷物取代，这种情况下，新鲜酵母的分量会依据发酵的时长进行调整。

制作 200 克波兰种

难度：

准备：3分钟（提前1天）· **冷藏：**12小时

食材：100克水 · 100克T65面粉 · 1克新鲜酵母

- 提前一天，准备好所有的原材料（图1）。在碗里用蛋抽混合水、面粉和捏碎的新鲜酵母（图2）。
- 用刮刀刮干净碗壁上的混合物，盖上保鲜膜，放入冰箱冷藏12小时（图3）。
- 第二天，波兰种开始鼓泡（图4）。从总面团的原材料里取出少量的水，润湿碗壁，将波兰种刮取出（图5）。最后加进准备进行搅打的总面团里（图6）。

制作波兰种

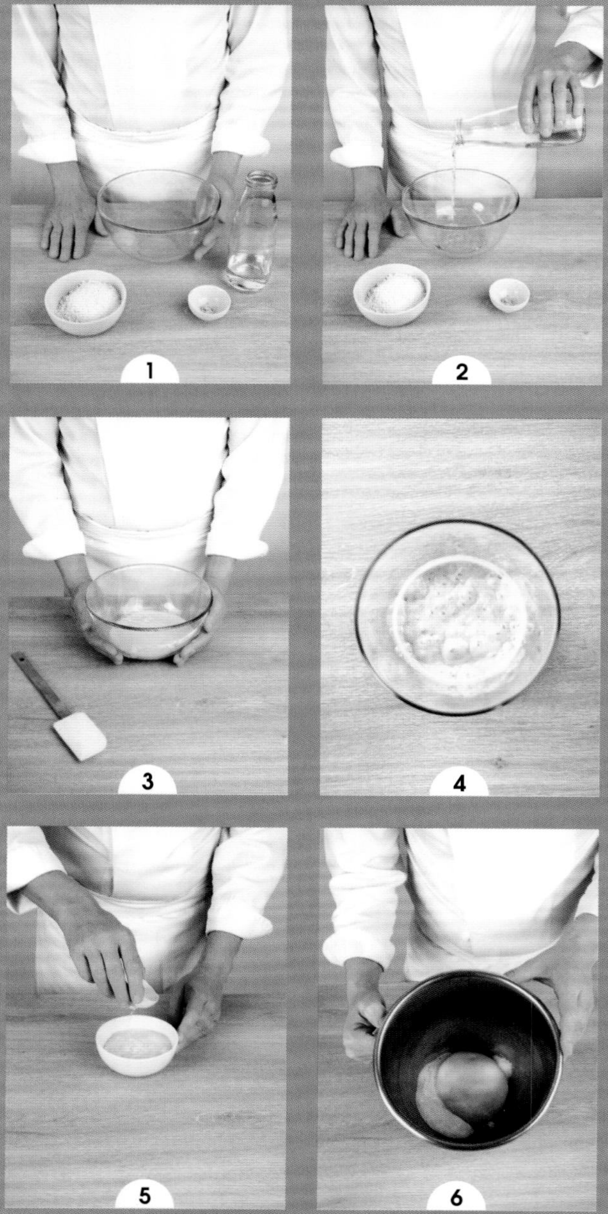

1

2

3

4

5

6

老面（Pâte fermentée）

老面是最容易制作的酵头之一。它能强化麸质网状结构，使得外壳更酥脆，上色更漂亮。老面所含的盐有助于酸度的调节和酵母菌的繁殖，并赋予面包微酸的香气和极为特殊的果味。

使用：老面由面包配方里的基础原材料酵母、水、面粉和盐组成。维也纳老面通常用于制作维也纳面包，它含有更多的牛奶和油脂。

添加分量：在搅拌这一步骤中，加入面缸里的老面分量一般为总面团面粉重量的10%～50%。

制作 520 克老面

难度：

准备：10分钟（提前1天）· **冷藏：**12小时

食材：3克新鲜酵母 · 192克冷水
320克传统法式面粉 · 5克盐

- 提前一天，在面缸里倒入新鲜酵母和水，依次加入面粉和盐，以慢速搅拌10分钟。
- 从面缸里取出面团，滚圆，放进碗里。盖上盖子，放入冰箱冷藏过夜。

制作 457 克维也纳老面

难度：

准备：8分钟（提前1天）· **冷藏：**12小时

食材：80克水 · 50克牛奶 · 125克T45面粉 · 125克T55面粉
5克盐 · 17克新鲜酵母 · 30克糖 · 25克冷的干黄油

- 提前一天，在面缸里放入水、牛奶、面粉、盐、新鲜酵母、糖和干黄油，以慢速搅拌4分钟直至形成质地匀称的面团，随后提速搅拌4分钟，直至面团具有足够弹性。
- 从面缸里取出面团，滚圆，盖上保鲜膜，放入冰箱冷藏过夜。

种面（Levain-levure）

由新鲜酵母、面粉和水快速制成的质地结实的酵种。依据发酵时长的不同，所添加的新鲜酵母的分量也随之变化，通常它也是配方中唯一使用的酵母种类。

种面赋予了面包韧性、支撑度、强度、耐受度以及柔软度，也能有效延长面包的储存期。但因为使用了大量的新鲜酵母，种面自身的保存期限不会很长。若是在加入总面团前等待了太久时间，新鲜酵母会引发过度发酵。

使用：一般配合特殊面粉使用，比如麸质含量较少的面粉类型。种面主要用于制作维也纳面包或者某些特殊面包，即富含糖与油脂的产品，这两种原材料会导致面团的软化。

添加分量：在搅拌这一步骤中，加入面缸里的种面分量一般为总面团面粉重量的5%～40%。

制作 350 克种面

难度：

准备：3分钟 · **发酵：**1小时

食材：120克水 · 200克T65面粉 · 30克新鲜酵母

- 在面缸里用蛋抽搅匀水、面粉和捏碎的新鲜酵母。
- 盖上保鲜膜，在室温下发酵1小时。

天然酵母种（Levain naturel）

如果没有新鲜酵母，我们可以选择制作天然酵母种，其发酵并不依靠发酵剂（如新鲜酵母）。将葡萄菌种液或者苹果菌种液加进鲁邦液种里的基础鲁邦种（也被称作原种）里，再等待数天，便能看到发酵活性的显现。最常使用的水果是葡萄和苹果，因为它们的皮是细菌的来源，以及可增加额外分量的鲁邦种。

制作菌种液

难度：

准备：5分钟（提前4～5天）

食材：100克葡萄干或者切成小块的有机苹果（带果皮和果核）· 水

- 把水果放入碗中，加入没过水果的水。盖上保鲜膜，在温热的地方保存至少4～5天。
- 沥水，得到菌种液。可代替苹果汁等制作鲁邦液种。

鲁邦液种（Levain liquide）

鲁邦液种源自提前数天制作好的面团在相对较高的温度下，其糖所发生的酶降解，我们也可称之为乳酸菌发酵，其所含的细菌不会在面团里产生气体。

面粉的选择对于鲁邦液种的制作非常重要。应使用石磨粉或者全麦粉，因为它们含有一部分谷物外壳，而这恰恰能提供鲁邦液种所需的细菌。这些面粉较其他粉类能给鲁邦液种提供应更多的营养。

维护：当我们经常制作面包时，鲁邦液种就需要每日进行续养，即添加水和面粉来喂食酵种，并从第四天起循环此操作（详见下一页）。事实上，水和面粉里的天然糖分有助于野生酵母菌的生长。如果只是偶尔使用鲁邦液种，就可以放在冰箱里冷藏储存，在使用前两天再进行续养。

储存：鲁邦液种的氧化风险很高，因此也更难维护。在使用前可在冰箱冷藏里储存三天，也可以置于冷冻里，三天后取出时依旧保有活性。

添加分量：在搅拌这一步骤中，加入的鲁邦液种分量一般为总面团面粉重量的20%～50%。

制作鲁邦液种

制作2.3千克鲁邦液种

难度：

准备：4天

第一天：基础鲁邦种（又称原种）
食材：100克T80石磨粉 · 35克蜂蜜
35克有机苹果汁（或者天然酵母种里的葡萄干菌种液、苹果菌种液）· 50克50℃的水

第二天：鲁邦原种（第一轮续养）
食材：220克基础鲁邦种 · 220克40℃的水
220克T80石磨粉

第三天：鲁邦原种（第二轮续养）
食材：660克鲁邦原种（第一轮续养）
660克40℃的水 · 660克T80石磨粉

第四天：最终鲁邦种（又称鲁邦液种）
食材：300克鲁邦原种（第二轮续养）
1千克40℃的水 · 1千克T65面粉

- **第一天。**准备好所有材料。取一个大碗，将石磨粉、蜂蜜、苹果汁和水放入碗中，并用蛋抽搅拌均匀。盖上盖子，在35℃下放置24小时（图1）。
- **第二天。**取出基础鲁邦种，然后加入水和石磨粉，用蛋抽搅拌均匀。盖上盖子，在30℃下放置18小时（图2）。
- **第三天。**从第二天制成的鲁邦原种里取出对应的分量（图3），然后加入水和石磨粉，用蛋抽搅拌均匀。盖上盖子，在28℃下放置18小时（图4）。
- **第四天。**从第三天制成的鲁邦原种里取出对应的分量，然后加入水和面粉，用蛋抽搅拌均匀。盖上盖子，在28℃下放置3小时（图5）。鲁邦液种已准备好投入使用（图6）。

鲁邦硬种（Levain dur）

鲁邦硬种是在鲁邦液种的基础上，再历经4天培育而成。鲁邦硬种在厌氧环境中，因水分含量较少，更利于醋酸的发展。其含水量较鲁邦液种少了至少50%。在培育过程里，鲁邦硬种会因为较低的温度而释放出醋酸和二氧化碳。

鲁邦硬种能凸显小麦粉的自然风味，使面包口感更浓郁。它的运用有助于内瓤着色，以及形成具有良好咀嚼口感的厚实外壳。

使用：常与半全麦粉相结合，如黑麦粉和石磨粉。主要用于制作乡村面包这类粗犷型面包。

维护：最好每日进行续养。具体操作为从前一天的鲁邦硬种里取出500克，与1千克T80石磨粉和500克水搅拌均匀。如果是家庭制作，用少一点的水和面粉进行续养也是可行的。

储存：鲁邦硬种可在冰箱中冷藏储存3～4天，无需续养，也可以放入冰箱进行冷冻储存。我们建议冷冻1份处在续养期的鲁邦硬种作为备用。如果制作失误，备用的就可以重新派上用场。

添加分量：在搅拌这一步骤中，加入的鲁邦硬种的分量一般为总面团面粉重量的10%～40%。

制作 1 千克鲁邦硬种

难度：

准备：3分钟 · **发酵：**3小时

食材：250克鲁邦液种（详见本书第35页）
250克40℃的水 · 500克T80石磨粉

- 在面缸里放入鲁邦液种、水和石磨粉（图1、图2）。以慢速搅拌3分钟，放进碗里，盖上保鲜膜（图3）。使用前在室温下静置3小时。如果这段时间过后无需用到此份鲁邦硬种，请放入冰箱冷藏储存（图4），在低温下鲁邦种会继续释放醋酸。

主厨小贴士：可用普通小麦粉代替石磨粉来续养鲁邦硬种。如果是一份黑麦鲁邦硬种，请用T170黑麦粉代替T80石磨粉。

制作鲁邦硬种

鲁邦液种和鲁邦硬种的质地

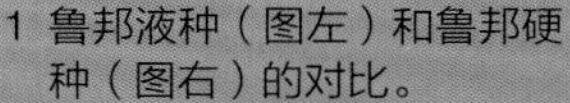

1 鲁邦液种（图左）和鲁邦硬种（图右）的对比。

2 鲁邦硬种的质地。

发 酵

法国伟大的科学家路易斯·巴斯德曾说过："发酵，就是没有空气的生命活动。"发酵是一种降解，为了使发酵达到最优化，必须要有载体（糖和淀粉），以及微生物（发酵剂）的存在，才能获得发酵产物（酒精，二氧化碳和热能）。

不同类型的发酵

面团的质量取决于发酵的类型。面包师会依据自己的工作方式、可支配的时间，以及想要制成的面包的风味来选择不同类型的发酵。

- **乳酸发酵（鲁邦液种）：**将单糖转化为乳酸和热能，赋予面包淡淡的乳酸味（例如：鲁邦液种长棍）。
- **酒精发酵（新鲜酵母）：**将单糖转化为酒精和二氧化碳（例如：可颂）。
- **醋酸发酵（鲁邦硬种）：**将酒精转化为醋酸，使面包带有轻微的酸度（例如：石磨粉面包）。

面包制作时的发酵时段

一次发酵，也被称作基础发酵。在此期间，面团的物理特性（与质地相关）形成，并继续强化。

二次发酵，或者叫最终发酵。在此期间，气体开始产生，使面包形成带有气孔的平衡结构。室温（20～23℃）是有利于最终发酵的温度。如果基础发酵的时间拉长，那么最终发酵的时间就得缩短。

何时将面包送入烤箱中，这一点非常重要。事实上，进入烤箱时，面团里气体的膨胀应达到最高峰（比初始体积增加2～3倍），但不能超过阈值，否则面团在烘烤的过程里会回落。此外，当面团进入烤箱后，被热能辐射，发酵仍将持续数分钟之久，直至酵母细胞被高温（当温度超到50℃时）摧毁。

与发酵相关的因素

- **面团的含水量。**含水量不足会影响发酵的速度。
- **面团的温度。**温度越高，发酵速度越快。搅拌结束后，面团的温度一般位于23～25℃。按照细分，若是随后采取传统发酵方式的面团，其温度应为24℃；若是采取冷藏延迟发酵方式的面团，其温度应为20～22℃。
- **面团的酸度。**面团在基础发酵后会产生酸度，此为自然现象。但如果面团的酸度太高，发酵效果就会差强人意。酸度与使用的发酵剂相关，例如：鲁邦种发酵过头后，面团就会过酸。
- **外部因素。**面包坊（制作间）的温度也会影响面团的发酵。环境温度高则加速发酵，环境温度低则延缓发酵。制作间的理想温度应该在20～25℃之间。

制作面包的主要阶段

搅拌（Le Pétrissage）

搅拌是指依次混合面包的原材料，即面粉、水、酵母和盐，最终获得质地匀称且光滑的面团。请注意需均匀地加入酵母，让其彻底与面团融合，才能使麸质网状结构（面筋）成形。

手揉和机器搅拌

手揉面团包括了如下步骤：

- **混合：**将面粉、水、酵母和盐均匀地混合在一起。
- **切分：**用刮板将面团割成块状，以便形成麸质网状结构。
- **拉伸和鼓气：**将面团横向拉伸，再快速折叠，最大程度地裹入空气。这个步骤会重复数次。

机器搅拌面团包括了如下步骤：

- **混合：**与手揉面团一致，采取慢速混合，避免原材料溅出。
- **搅和：**等同于手揉的切分和拉伸。
- **鼓气：**此步骤在搅拌结束时必不可缺，它使空气裹入面团里，松弛麸质网状结构，以及赋予面团额外的强度。

搅拌的方式

有两种搅拌的方式，其最终目的都是为了让面团发挥出最佳效果，选用何种方式取决于想要赋予面包何种特性。例如：我们会偏好用慢速搅拌法来制作具有密集蜂窝状气孔的传统长棍。反之，如果制作追求具有更厚实的内瓤以及更规律的麸质网状结构的乡村面包，我们会采用改良搅拌法。

- **慢速搅拌法（PVL）。**持续约10分钟，全程使用慢速。这种方式适用于烘焙力不够强的面粉，目的在于获得氧化程度更低、内瓤风味更足、颜色更漂亮的面团。此外，因为制成的面团质地柔软，相对应的会需要延长发酵时长来弥补烘焙力的缺失。面包成品的内瓤带有漂亮的、不规则的气孔。烘烤时，面包损失的体积会更少，外壳也会更纤薄。
- **改良搅拌法（PA）。**先以慢速搅拌约4分钟，再转为中速继续搅拌5分钟。这是最为常见的技术。它有助于形成更好的麸质网状结构，并且能给面包更大的体积。面包成品的内瓤带有少许气孔，质地更为密实，外壳也更厚实。我们建议在制作乡村面包或者全麦面包时运用此技术。

1
2
3
4
5
6
7
8
9

手揉面团

- 将面粉倒在工作台面上，用手挖个凹窝（图1）。放入捏碎的新鲜酵母，加水溶解（图2）。加入盐（图3）。
- 用手指划圈，一点点将外圈的面粉往里搅拌（图4）。
- 将面粉、水、酵母和盐搅拌成均匀的混合物（即“混合”步骤）。开始手揉：先滚圆、压平、折叠，然后再滚圆、继续压平，如此反复（图5）。
- 一旦面团质地变得均匀，就用刮刀进行切分（即“切分”步骤），此举有助于形成麸质网状结构（图6）。重复这个操作直至面团变得不易切割。
- 用手甩出面团并同时进行拉伸，随后快速折叠，最大程度地裹入空气（即“拉伸和鼓气”步骤），重复这个动作数次，直至面团变得光滑且不再粘连（图7、图8）。
- 一旦手揉完毕，整成球状（图9）。

水合（L’autolyse）

通过优化面粉的水合作用，能达到软化麸质网状结构的目的。也正是受益于水合，面粉能更好地吸收水分，让我们得以增加面团的含水量（用后水），这个技巧亦有助于生成带有更多气孔的内瓤。

如何展开水合？首先混合面粉和水，以慢速搅拌4分钟，随后将制成的面团静置30分钟至48小时，最后再添加盐和酵母或者鲁邦种。

由于缩短了搅拌的时间（面粉和水已预先混合），总面团被氧化的程度减少，延展性更出色，也更光滑，不那么粘手，操作起来更为顺手。最后，因为水合软化了麸质网状结构，割面包时不易撕裂表皮，我们得以在面包上划出更精细和明显的花纹。

后水（Le Bassinage）

后水，在搅拌的尾声，往水合不够的面团里加入的少量液体（通常是水）。后水能软化面团，松弛麸质网状结构。但并非所有的面团都需要添加后水，通常是缺乏强度的面团才有此需求，因为其所含的面粉只有微弱的麸质。

基础发酵（Le Pointage）

在搅拌机停止搅拌后、面团被分割成生坯之前的这段时间被称作基础发酵。它的作用是赋予面团强度，后者与麸质的物理改变息息相关。在这期间，麸质会变得更有韧性和弹性，而延展性反之变弱。同时，基础发酵还促进了面包香气的发展。

如果是软面团，基础发酵的时间会更长。反之，硬面团的基础发酵时间会更短。

翻面（Le Rabat）

可定义为先拉伸面团然后进行折叠。具体操作如下：先扯开面团的周边，随后往中心折叠，使面团排出气体。最后将面团翻面，光滑面朝上，接口处朝下。

在将空气裹入面团的同时，将面团中的二氧化碳和酒精释放了出来。这个步骤使得面团更加光滑，并再次启动了发酵。

翻面的意义在于延长了麸质的原纤维，使麸质网状结构更为坚固。同时，面团的弹性得以增加，形状也更为均匀。这个动作亦有助于均匀发酵以及更好地分配烘焙力。

分割（La Division）

基础发酵后，面团通常会被切割成分量相等的数份生坯。

预整形（Le Préfagonnage）

这个步骤并非必要，它主要是调整生坯的形状，使其更规整，为随后的最终整形做准备。需要注意的是，生坯质地不能过紧，如果面筋过强，整形后会回缩得厉害。

生坯可预整形为长棍状，便于制作长棍和长条状的面包。也可预整形为球状，便于制作短棍、短条状的面包和小面包。

针对软面团，或者缺乏强度的面团的整形，我们会使用到一种叫作滚圆的技巧，可以用于制作圆面包和皇冠面包。具体操作为：先将生坯压平成圆片，再讲外边缘折向中心，接着翻转生坯，使得接口处朝下，光滑面朝上，最后用手转动成球形，同时从上至下收紧底部。

主厨小贴士：某些圆面包可直接整形为球状，并不需要先滚圆。例如：荞麦圆面包。

静置松弛（La Détente）

这是位于预整形和整形之间的休息期。静置松弛有利于面团的延展和整形，避免撕裂。此步骤持续10～45分钟，具体取决于生坯的强度，和之前的操作力度。在静置松弛期间，面团依旧在发酵。

整形（Le Fagonnage）

也被称作“翻转”，是赋予生坯最终形状的操作。有时需要用到特别的工具（如：擀面杖、剪刀、烤盘、藤篮等）。

依据不同的产品，整形的时间可长可短，面团张力可松可紧，用于生坯的面粉分量也应随之调整。整形由三个阶段组成：排气，折叠和延长。

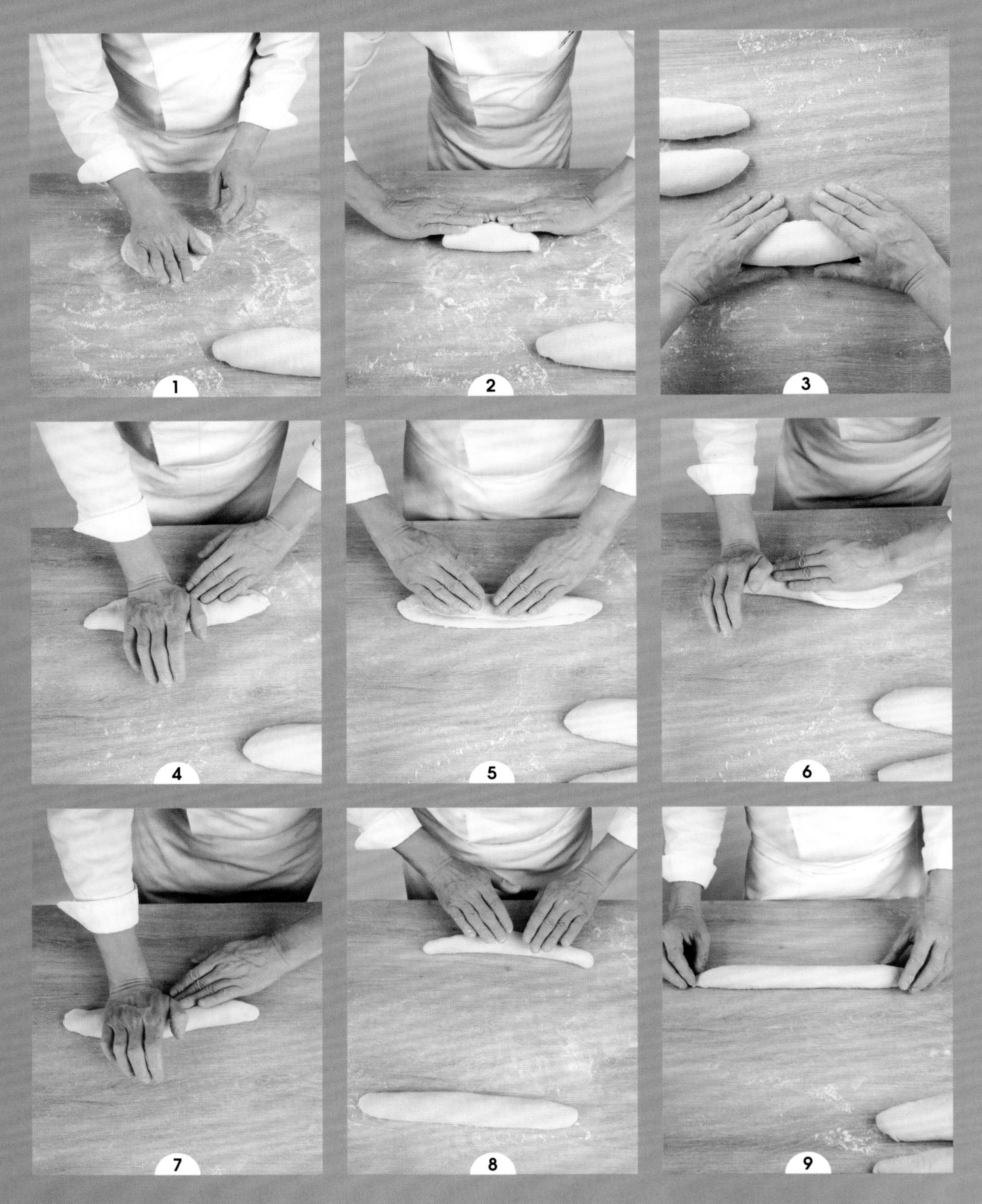
1
2
3
4
5
6
7
8
9

长棍状生坯的预整形和整形

- 将生坯放在工作台面上，光滑面朝下，用掌心按压排气（图1）。
- 将生坯前端三分之一向中间折，用手指压紧接合处。再将生坯转过180°，将反方向的三分之一也折向中间，并用手指压紧接合处（图2）。
- 沿着长边将生坯再对折，用掌根压紧接合处，再轻微滚动成椭圆状（图3）。如此这般预整形为短棍状。
- 静置松弛后，重新拿起生坯，光滑面朝下，用掌心按压排气。将生坯前端折向中间，再用掌根压紧接合处（图4）。
- 将生坯转过180°，将后端生坯折向中间，用掌根压紧接合处。
- 沿着长边将生坯再对折（图5）。用掌根按压收合口使其彻底黏合（图6、图7）。
- 将生坯来回滚动，延展长度，最终整形为长棍状（图8、图9）。

割纹

- 在大拇指和食指之间夹握住刀柄，保持手腕的灵活度（图1）。
- 用另一只手轻柔地固定住生坯。微微倾斜刀片（图2、图3），保持手腕灵活，以匀称的力度，利落的手法在生坯表面划出割纹（图4）。
- 每划一次，收尾后都要提起刀片，避免撕裂生坯（图5）。
- 生坯割划完毕，入炉前还需要在表面喷水（图6）。

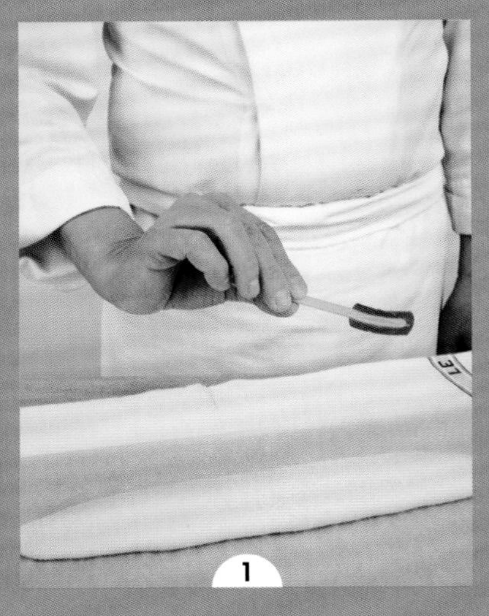

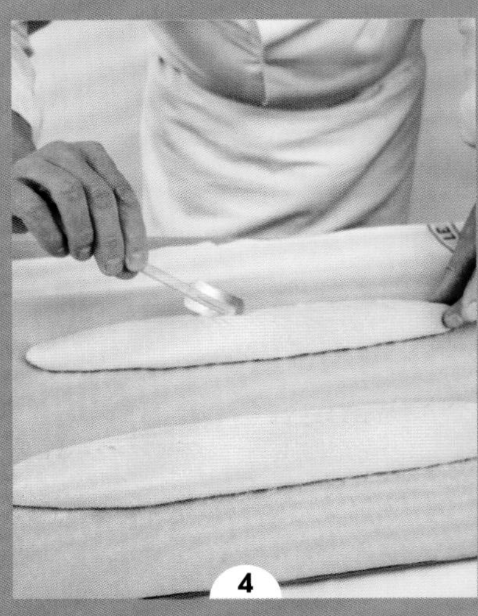

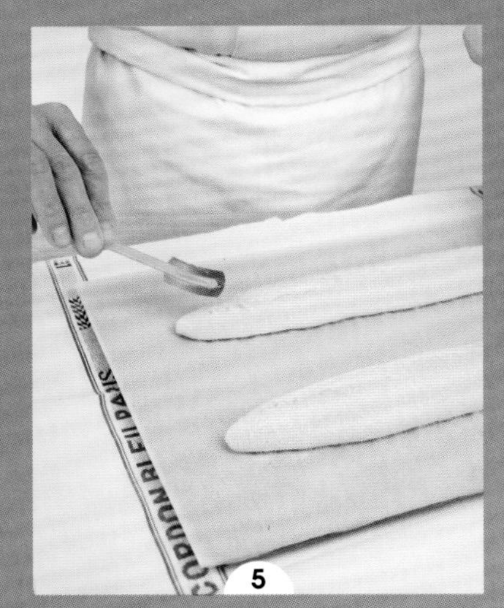

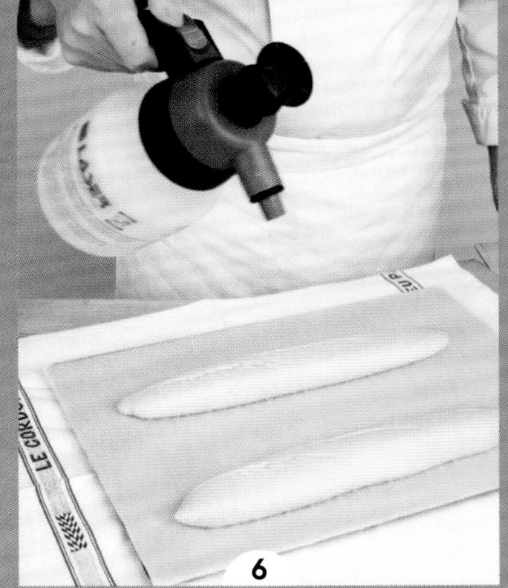

最终发酵（L'apprêt）

即发酵的最后阶段。这个步骤位于整形和入炉之间，法语写作“l'apprêt”，引申自“准备好（s'apprête）”这个词组，寓意可以入炉了。最终发酵时长在室温下为20分钟至4小时，如果生坯放入冰箱冷藏，可长至72小时。

割纹（Le Lamage）

也被称作刀口，指的是生坯入炉前在表面划出的割口，也被看作面包师的签名，但其意义不限于此。正是多亏了表面的割纹，生坯里的发酵气体和潮气能被均匀地疏散出来，使生坯得以保持形状。如果没有割纹，气体会不规则地释放，导致面包成品出现破裂变形。

在烘烤过程里，面包的割纹赋予了它最终的形状和外观。如果想制造出成功的面包，外壳必须要有清晰且规律的割纹。

生坯上的割纹主要是用特殊的割刀、剃须刀刀片等划出，刀片必须保持清洁。如果要划出完美的割纹，需要对刀片控制灵活且娴熟。每道割纹分布规律，而且长度一致。对于长棍，割纹应遍布在整块生坯的表面，后一刀至少重叠于前一刀的三分之一。割纹应尽可能地垂直于生坯表面，使得喷射口（即烘烤过程里面包割口处鼓起的口子）看起来更为均匀与美观。

割纹的深浅由面团的强度和发酵程度所决定。如果面团没有很好的膨胀，割纹要划深些，反之，如果面团缺乏强度或者过度发酵，割纹需划浅些。

烘烤和排湿冷却
（La cuisson et le ressuage）

这是面包制作的最后步骤。为了烘烤得当，烤箱必须提前预热至少30分钟，用以获得足够的温度。如有需要，在放入烤箱前，可为生坯撒上面粉并划出割纹。

面团充分发酵后，就可以放入烤箱进行烘烤。如果面团发酵得不够，将会缺乏柔软性（在烤箱里变形）。反之，如果发酵过头，麸质网状结构将濒临破裂（在烘烤中坍塌）。

对于面包的烘烤，我们一般会设置为烤箱的自然对流模式（即平炉），因为热能来自烤箱的上层和下层，呈稳定状辐射。而风炉模式则更适合烘烤漂亮的维也纳面包。

烘烤后紧接的是排湿冷却步骤。指的是将烤好的面包放在烤架上，让多余的水汽排出，防止面包的外壳软化。

入炉的方式

- **转移板入炉。**我们可以借助转移板将生坯一份接一份地放在预先加热好的烤盘上。具体操作为：先提起发酵布，将生坯翻转移置于转移板上，随后再将生坯翻转移置于烤盘上。
- **烤盘入炉。**使用烤盘可以简化操作。若是家庭烘焙，可提前预热烤盘，然后用手或者转移板小心将生坯放在上面。

蒸汽

面包一旦入炉，烤箱内必须喷射蒸汽。这是面包制作里必不可少的一步。

首先，蒸汽能使外壳保持足够的柔软度，有助于面团在炉内膨胀。若是没有蒸汽，外壳会过早形成，导致内瓤无法良好地扩展。此外，蒸汽还可以限制面团里水分的挥发。最后，它还能促成外壳的焦糖化，生成漂亮的光泽和有质感的风味。

主厨小贴士：若家用烤箱没有蒸汽的配置，可在入炉时往生坯上喷水，再往烤箱底部已预热的底盘里放3块冰。

烘烤的步骤

在面包行业，烘烤指的是经过发酵的面团转变为稳定的产品（即面包）。在烘烤过程中，面团经历了数个阶段的化学和物理转化。

- **发展阶段。**面团的体积增大，面团里的发酵剂将糖分分解为二氧化碳。当温度达到50℃时，发酵剂失去活性，二氧化碳的生成因此被中断。
- **上色阶段。**随着酶的分解，它们促成了外壳的焦糖化反应。淀粉的凝固也使内瓤成形。
- **干燥阶段。**面包里的部分水分蒸发掉，有助于形成结实的外壳和不会粘黏的内瓤。面包随之损失部分重量。

确认面包的烘烤程度

烘烤的时长取决于面包的重量、尺寸和形状。面包师会轻按面包的侧边来判断烘烤情况：烤好后，外壳应该是结实的、酥脆的。如果用指尖敲击面包的底部，可以听到空洞的回响。

烤好面包的要点

- 让烤箱在两炉面包的空档期空烤，使下火（烤箱下层加热的部分）能重新补充热量。这一点尤为重要。
- 没有烤熟的面包难以消化且口感不佳。虽说将面包烤熟是必要的，但也不能烤过头，避免面包过干。
- 大块头的面包以逐步降温的方法烘烤，小个头的则可以用高温烘烤。

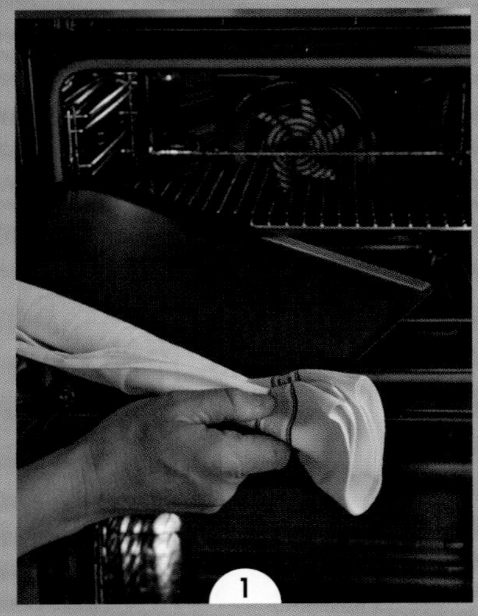

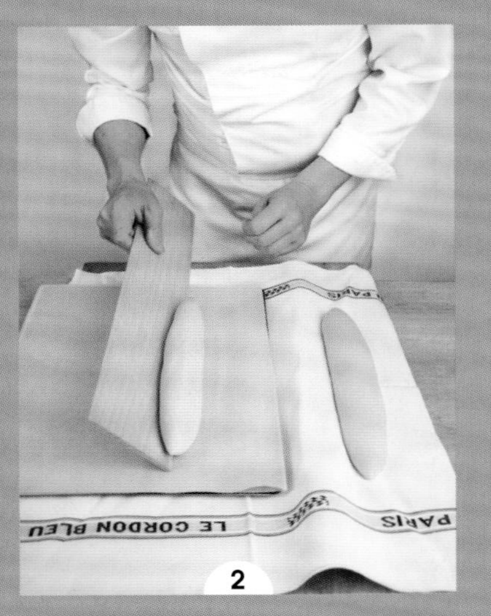

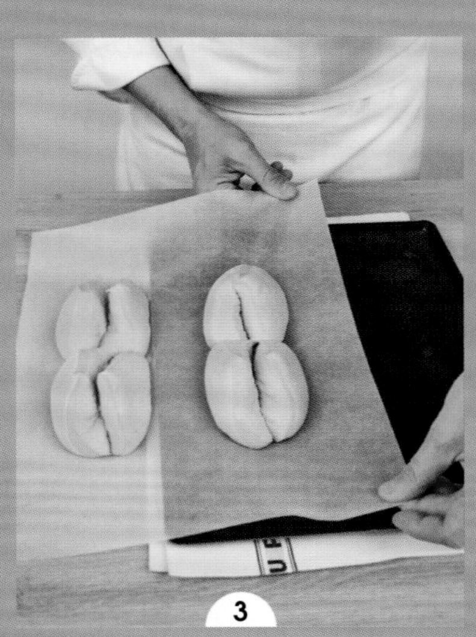

入炉和烘烤面包

- 提前预热烤箱，并将烤盘置于中层。随后请用干的厨房巾或者手套保护双手，取出加热好的烤盘（图1），放在烤架上。
- 如果生坯是放置在发酵布或者亚麻布上进行的发酵，请小心掀起这些织物，将生坯翻转移置于转移板上，再将其翻转或者直接放置于铺有烘焙油纸的预热好的烤盘上（图2）。
- 如果生坯是在铺有烘焙油纸的烤盘上进行的发酵，请抓住油纸的边缘，连纸带生坯小心地滑到预热好的烤盘上（图3）。
- 入炉时，在生坯表面喷射蒸汽，再往烤箱底部已预热的底盘里放3块冰以产生蒸汽（图4）。
- 出炉后，将面包置于烤架上，便于排出多余的水汽，避免面包外壳塌软。

面包烘烤后的变化进程

- **出炉。**一旦面包出炉，必须小心置于烤架上，并避免面包之间的直接碰触，此刻面包的外壳温度很高且十分脆弱。
- **排湿冷却。**从出炉起，面包就开始进入冷却步骤，水分的流失以面包失去2%的自重得到证实。在此期间，外壳由于烤箱和制作间（面包坊）的温差，会产生轻微的剥落。排湿冷却的时长取决于面包的尺寸和形状：面包个头越大，排湿冷却所需的时间就越长。
- **老化。**无论面包存储在何种环境里，都会不可避免地出现老化这一自然现象。外壳变软，或者，反之变硬。在口感方面，面包也会丧失其风味。老化受数个因素的影响，个头大的面包较长棍面包老化得慢些，以鲁邦种或者波兰种发酵的面包也有此优势。

MIWE econo

面团的缺陷

在制作的过程中，面团有时会产生缺陷，其中有一些可以进行补救，有一些则不可以。面包师必须对面粉了若指掌，有能力预判面团潜在的问题，并知晓如何解决。

与使用的面粉相关的缺陷

在开始操作前，我们必须要了解面粉的特性。此外，面粉也有可能存在异常情况，这将会损坏面团，即面包的品质。

- **太新鲜的面粉：**导致面团松散，制成的面包体积较小，割纹时生坯产生撕裂，外壳发红。
- **陈年的面粉：**导致面团过硬、过干，制成的面包体积较小。

烘焙力的变化

在制作过程中，无论我们想或不想，某些因素会对烘焙力产生影响。

- **增加面团烘焙力的因素：**
  - 水温度更高；
  - 酵母更多；
  - 整形更紧实；
  - 基础发酵的时间更长；
  - 面团的质地更硬。
- **减少面团烘焙力的因素：**
  - 水温度更低；
  - 酵母更少；
  - 基础发酵的时间更短；
  - 面团的质地更软。

松散的面团

这种面团在搅拌时成形尤为良好，但是会在静置松弛的过程里变软。基础发酵时产生出水的情况。出炉后，面包呈红色，体积过小。

与之相关的主要原因有：

- 小麦面粉麸质不足且品质不佳；
- 面团含水量过高。

补救可以这样做：

- 增加基础发酵的时长，给予面团烘焙力；
- 进行翻面。

质地过硬的面团

此面团触碰起来很硬且易碎，有结壳以及发酵不充足的风险。

与之相关的主要原因有：

- 称量时的错误；
- 面粉过干；
- 面团含水量不足。

补救可以这样做：

- 减少基础发酵的时长；
- 减少手粉的用量；
- 不要进行滚圆的步骤。

弹性不足的面团

这种面团不太成形，缺乏柔软性和弹性，会在搅拌过程里被撕裂。在发酵期间，会产生结壳和破裂。烘烤后，面包不会上色太多，甚至可能呈泥土色。

与之相关的主要原因有：

- 使用了陈年的面粉；
- 面团过硬或者温度过高；
- 基础发酵时间太长。

补救可以这样做：

- 制作更软的面团；
- 缩短静置松弛的时长；
- 以更低的温度进行烘烤。

面包的主要缺陷

- **面包颜色黯淡、扁平**（缺乏烘焙力和过度发酵）。
- **面包呈扁平状或者弯折变形**（在烘烤过程里膨胀不良）。
- **面团太硬**（缺乏蒸汽，烤箱不够热）。
- **面包味道寡淡**（搅拌的问题，强度过剩；发酵的问题，缺少盐或者蒸汽）。
- **面包缺少割纹，即没有带面包师的签名**（强度过剩，整形不当，最终发酵时间过长，蒸汽过量）。

器　具

搅拌机（面包机）

搅拌机是面包师使用的设备之一。它的作用是确保面团得到规律且均匀地搅拌。如若在家制作面包，推荐购入一台家用搅拌机。在这种情况下，必须提高转速来模拟商用搅拌机（例如：商用搅拌机的1挡对应的是家用搅拌机的3挡）。

冷控面团制作法的设备

- **冷藏柜。**它让面团维持在低温，但不低于零度，一般在0～8℃之间，这个温度区间能在短期（几日）内减缓发酵速度。
- **冷冻柜。**它能迅速切断面团的活动，极快地冷却产品，有利于随后的制作。但是请注意，冷冻会导致冰晶的形成并改变产品的细胞结构。
- **速冻柜。**通过急速降温（数分钟内从0℃降至-40℃），将食物稳定在其原始状态。解冻后产品也能恢复原有质地和状态。

发酵箱

专业的发酵箱可用来控制温度、湿度和产品的发酵时长。

烤箱

为了模拟石窖烤炉的底火，我们可以提前在烤箱里预热一个烤盘，然后再放上生坯。也可以使用铁铸锅。

小器具

- **秤。**需要精准称量原材料时，电子秤是最理想的选择。在对面团和制品进行分割时，也需要用到秤。
- **粉刷。**对于扫去面团或者其他物体表面的面粉非常实用。
- **刮板。**无论是手揉时切分面团，还是刮擦工作台面或者刮净容器，都能派上用场。
- **割刀。**面包师在生坯入炉前，进行割纹时必不可少的工具。由刀柄和剃须刀刀片组成，刀片必须很锋利，才不会撕裂生坯。
- **亚麻布或者发酵布。**通常为天然亚麻材质。使用时可打湿或者不打湿，用于覆盖和保护面团，以及在发酵期间固定住生坯。
- **转移板。**一块平坦的木板，用于挪动生坯至烤箱。
- **擀面杖。**在许多配方里用于擀压面团。
- **烘焙用温度计。**用于核实烘烤或者制品的温度。

如何模拟发酵箱的环境

我们可以在自家模拟出一个类似发酵箱的环境，为面团的发酵提供必需的热量和湿度。

- 煮沸一锅水，然后放入熄火的烤箱里。
- 取烘焙用温度计，每隔30分钟核实烤箱的温度。若是制作面包，确保位于22～25℃；若是制作维也纳面包，确保位于25～28℃。温度若降低，请重新添加沸水，使得产品能正确发酵且不会变干。

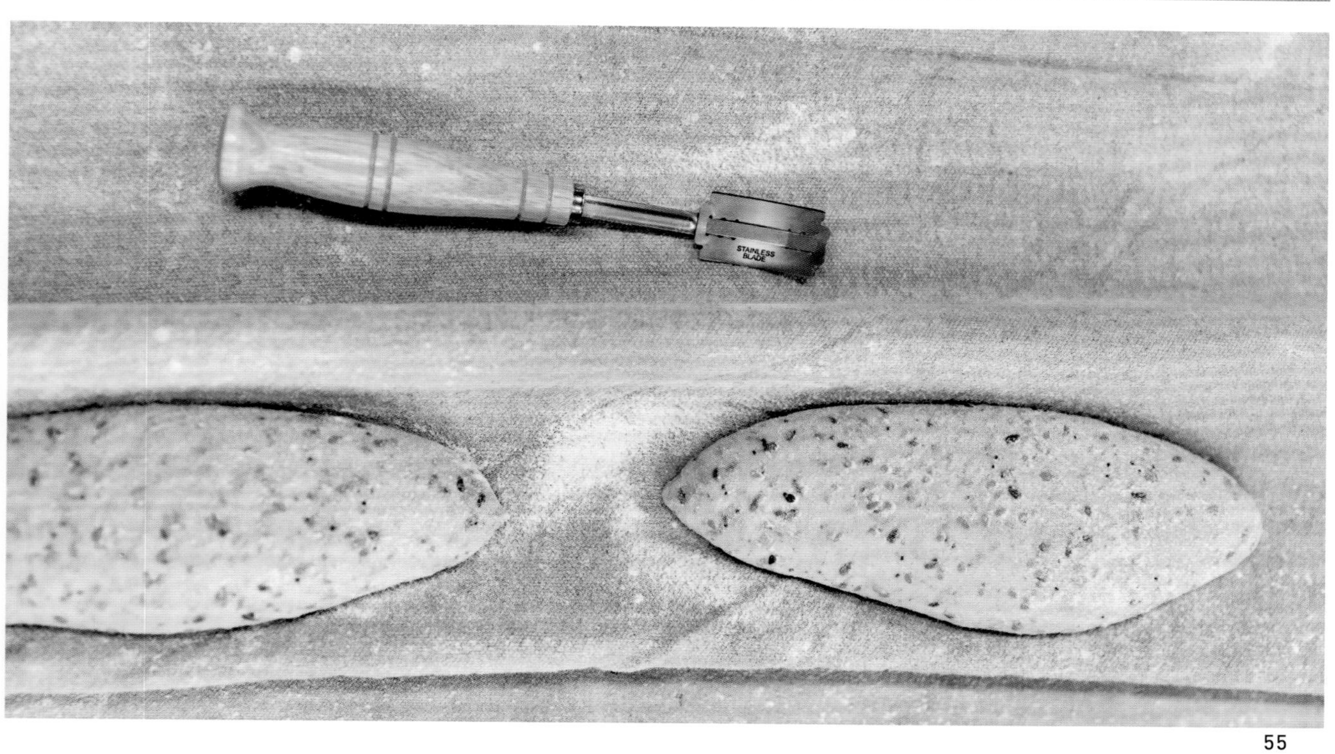
STAINLESS
BLADE

传统面包

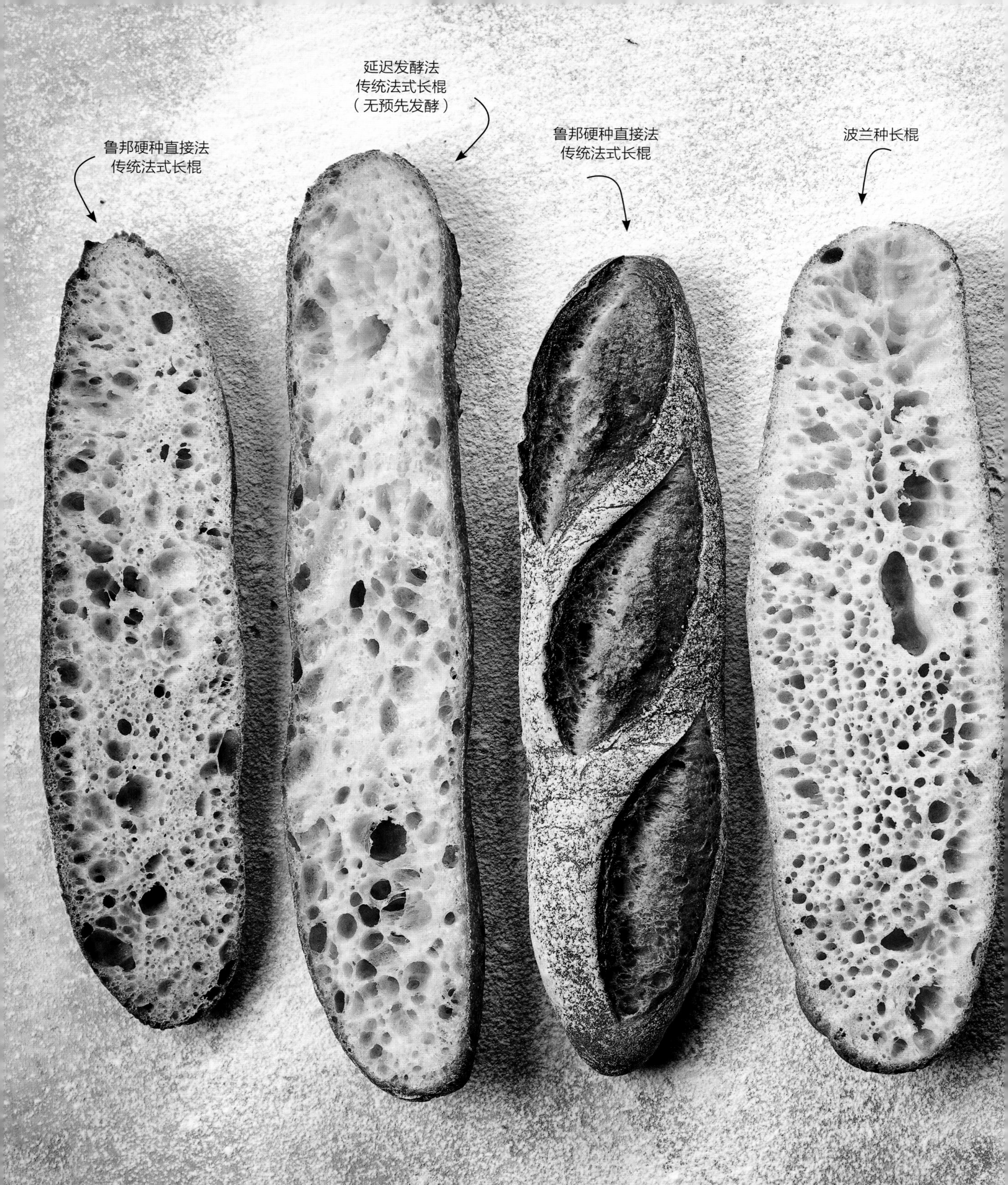
鲁邦硬种直接法
传统法式长棍
延迟发酵法
传统法式长棍
（无预先发酵）
鲁邦硬种直接法
传统法式长棍
波兰种长棍

老面法长棍
鲁邦液种延迟发酵法
传统法式长棍
白长棍
（无预先发酵）

白长棍（无预先发酵）

Baguette blanche sans préfermentation

难度： ♔

准备： 10分钟 · **发酵：** 1小时40分钟 · **烘烤：** 20～25分钟 · **基础温度：** 75℃

食材（可制作3根长棍）

500克T55面粉 · 10克新鲜酵母 · 310克水 · 9克盐

搅拌

- 将面粉倒在工作台面上，用手挖个凹窝。中间空处放入掰碎的新鲜酵母块，再倒入水溶解。接着加进盐，用手指打圈，将面粉逐步带回中心，并与其他材料混合均匀（图1）。
- 揉面团10分钟左右，同时用刮板切分面团，更好地形成麸质网状结构（图2、图3、图4）。搅拌完成时的面团温度为23～25℃。

基础发酵

- 盖上面团，在室温下发酵20分钟。

分割和整形

- 将面团分割成3份生坯，每份重约270克，预整形为长棍状（图5）（详见本书第42～43页），松弛20分钟。
- 最后整形为长棍状（图6），放在预先撒好面粉的发酵布上。

最终发酵

- 盖上湿的厨房巾，在室温下发酵1小时。

烘烤

- 平炉预热至240℃。烤箱中层放一个长38厘米、宽30厘米的烤盘。
- 取出加热好的烤盘，放在烤架上。借助转移板将生坯小心移置于烤盘上，随后用割刀在生坯表面划出3道口子。
- 直接入炉，喷射蒸汽（详见本书第50页），烘烤20～25分钟。
- 出炉后，放在烤架上排湿和冷却。

1
2
3
4
5
6

老面法长棍

Baguette sur pâte fermentée

难度： ♔

提前1天　准备： 10分钟 · **发酵：** 30分钟 · **冷藏：** 12小时

制作当天　准备： 10分钟 · **发酵：** 2小时20分钟 · **烘烤：** 20～25分钟 · **基础温度：** 54℃

食材（可制作3根长棍）

100克老面

400克T55面粉 · 8克盐 · 4克新鲜酵母 · 260克水

老面（提前1天）

- 准备好老面，放入冰箱冷藏至隔日使用（详见本书第31页）。

搅拌（制作当天）

- 在面缸里放入面粉、盐、新鲜酵母和水（图1），以慢速搅拌4分钟。加入切成小块的100克老面（图2），换为中速继续搅拌6分钟。搅拌完成时的面团温度为23～25℃。

基础发酵

- 从面缸里取出面团，盖上厨房巾或装入带盖的容器内，在室温下发酵1小时（图3）。

分割和整形

- 将面团分割成3份生坯，每份重约250克（图4），预整形为长棍状（详见本书第42～43页），静置松弛20分钟。
- 最后整形为长棍状，放在发酵布上。

最终发酵

- 盖上湿的厨房巾，在室温下发酵1小时。

烘烤

- 平炉预热至240℃。烤箱中层放一个长38厘米、宽30厘米的烤盘。
- 取出加热好的烤盘，放在烤架上。借助转移板将生坯小心移置于烤盘上，随后用割刀在生坯表面划出3道口子。直接入炉，喷射蒸汽（详见本书第50页），烘烤20～25分钟。
- 出炉后，放在烤架上排湿和冷却。

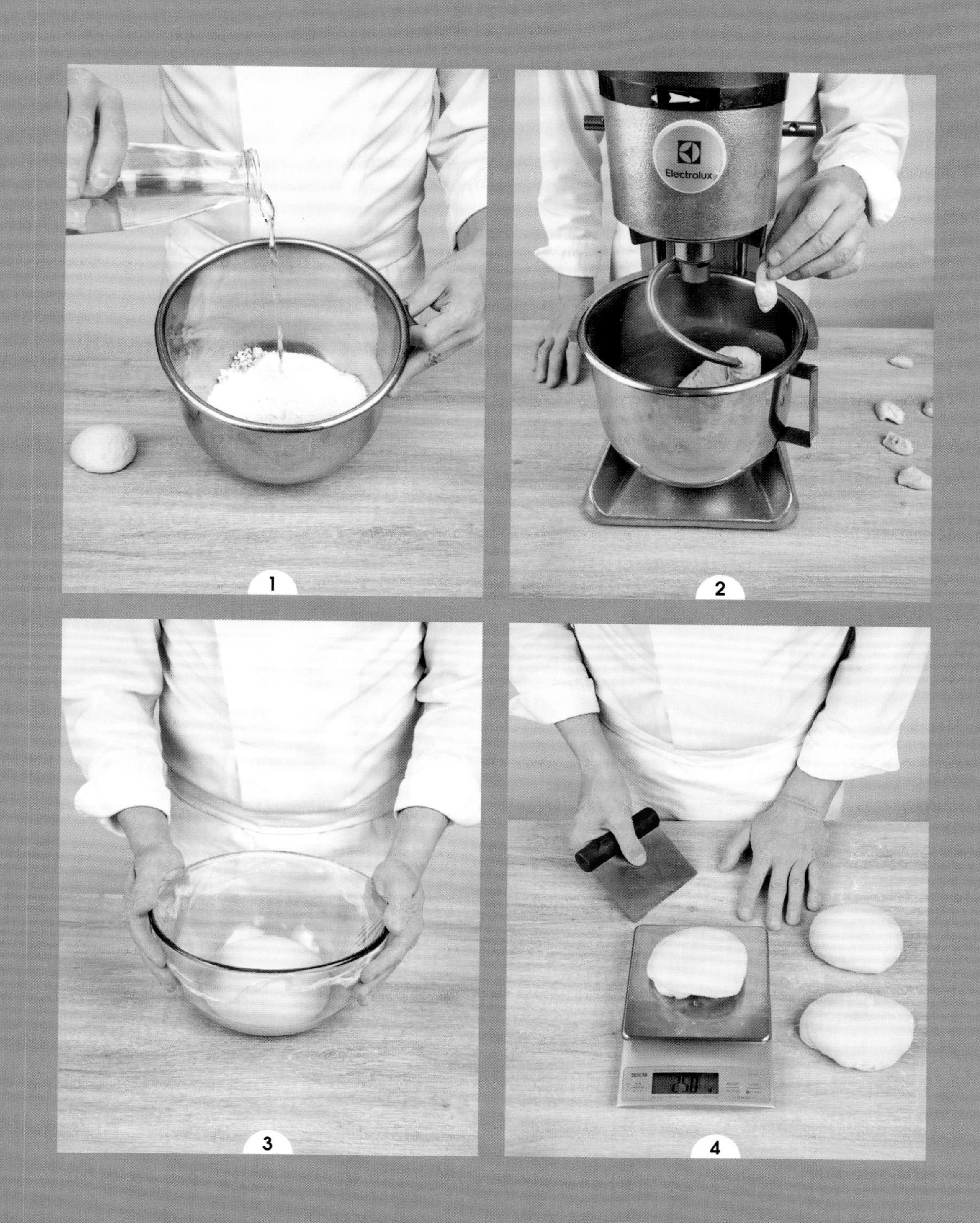
Electrolux
1
2
3
4

波兰种长棍

Baguette sur poolish

难度： ♢♢♢

提前1天　准备： 5分钟 · **冷藏：** 12小时
制作当天　准备： 10分钟 · **水合：** 30分钟 · **发酵：** 2小时5分钟～2小时15分钟
烘烤： 20～25分钟 · **基础温度：** 54℃

食材（可制作2根长棍）

波兰种

30克T65面粉 · 30克水 · 0.3克新鲜酵母

水合

270克T65面粉 · 175克水

最终搅拌

5克盐 · 1克新鲜酵母 · 10克水

波兰种（提前1天）

- 准备好波兰种，放在冰箱冷藏至隔日使用（详见本书第30页）。

水合（制作当天）

- 在面缸里放入面粉和水，慢速搅拌至面团成形（图1）。盖住面团，在面缸里放置30分钟。

最终搅拌

- 在水合后的面缸里放入盐和新鲜酵母。用水打湿刮板，从容器里刮取出波兰种，加入面缸里（图2）。慢速搅拌5分钟，随后转为中速继续搅拌2分钟。搅拌完成时的面团温度为23～25℃（图3）。

基础发酵

- 盖上面团，让其发酵20分钟。
- 从面缸里取出面团，在工作台面上进行一轮翻面。盖上湿的厨房巾，继续在室温下发酵40分钟。

分割和整形

- 将面团分割成2份生坯，每份重约260克。预整形为短棍状，静置松弛20分钟。
- 最后整形为长棍状，放在发酵布上。

最终发酵

- 盖上厨房巾，在室温下发酵45分钟～1小时。

烘烤

- 平炉预热至240℃。烤箱中层放一个长38厘米、宽30厘米的烤盘。
- 取出加热好的烤盘，放在烤架上。借助转移板将生坯小心移置于烤盘上，随后用割刀在生坯表面划出3道口子。直接入炉，喷射蒸汽（图4）（详见本书第50页），烘烤20～25分钟。
- 出炉后，将长棍置于烤架上排湿和冷却。

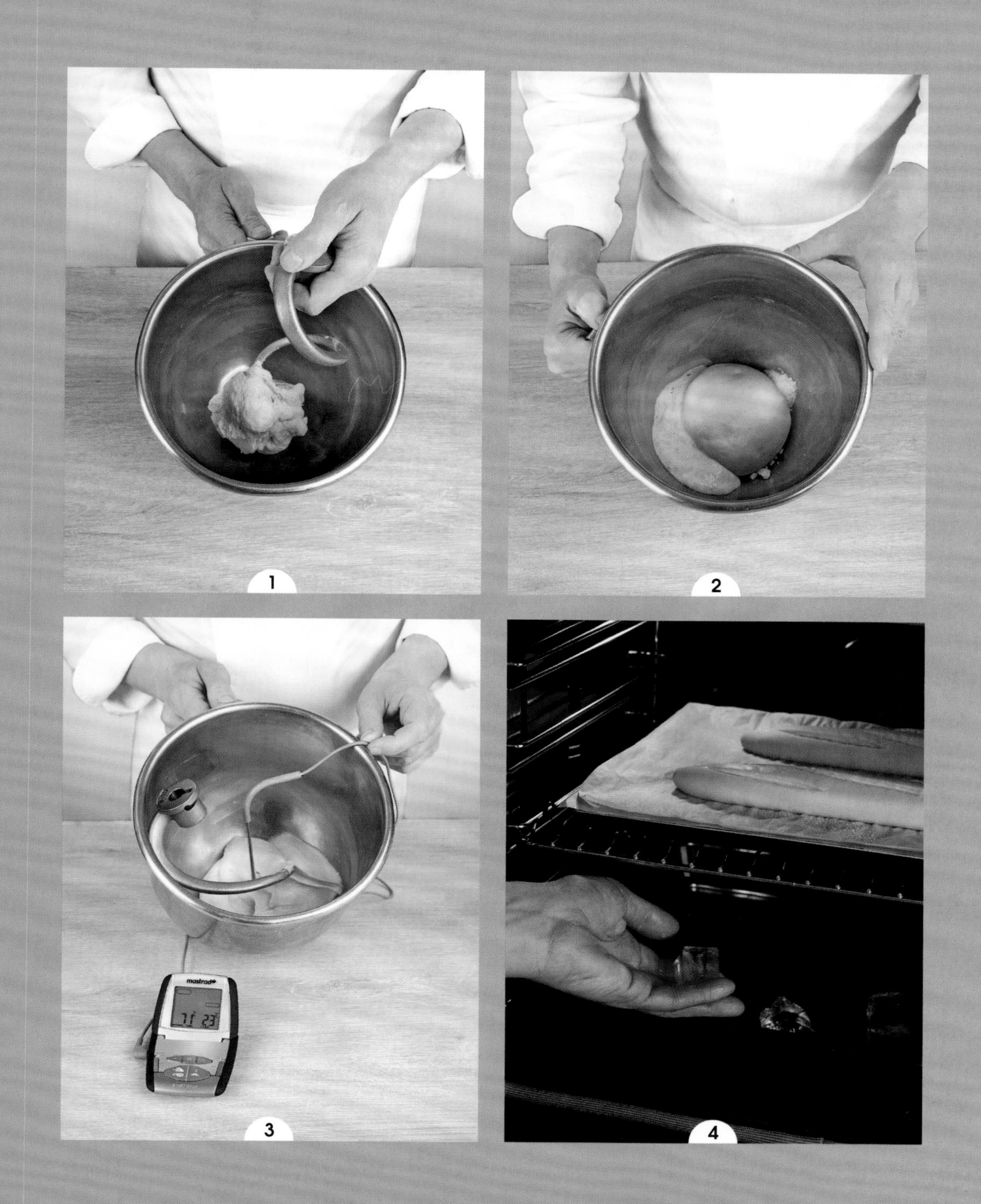
1
2
3
4
mastrad

鲁邦硬种直接法传统法式长棍

Baguette de tradition française en direct sur levain dur

难度： ♤♤♤

这款面包需要提前4天制作鲁邦硬种。

提前1天　准备：10分钟 · **发酵：**2小时 · **冷藏：**12～48小时

制作当天　准备：8～10分钟 · **水合：**1小时 · **发酵：**2小时35分钟 · **烘烤：**20～25分钟 · **基础温度：**68℃

食材（可制作2根长棍）

50克鲁邦硬种

水合

250克传统法式面粉 · 162克水

搅拌

5克盐 · 1克新鲜酵母 · 25克后水

鲁邦硬种（提前4天制作）

- 在鲁邦液种的基础上制作好硬种（详见本书第34页）。

鲁邦硬种（提前1天）

- 对鲁邦硬种进行续养（详见本书第34页），放入冰箱冷藏至隔日使用。

水合（制作当天）

- 在面缸里放入面粉和水，慢速搅拌至面团成形。盖上面团，在面缸里放置1小时。

搅拌

- 在水合后的面缸里加入盐、新鲜酵母和50克切成小块的鲁邦硬种。以慢速搅拌8～10分钟，在收尾前2分钟加入后水。搅拌完成时的面团温度为23～25℃。

基础发酵

- 从面缸里取出面团，放入容器内（图1），盖上保鲜膜，在室温下发酵1小时15分钟。

分割和整形

- 将面团分割成2份生坯，每份重约240克。预整形为长棍状（图2）（详见本书第42～43页），随后静置松弛20分钟。
- 最后整形为长棍状，放在发酵布上（图3）。

最终发酵

- 盖上厨房巾，在室温下发酵1小时。

烘烤

- 平炉预热至240℃。烤箱中层放一个长38厘米、宽30厘米的烤盘。
- 取出加热好的烤盘，放在烤架上。借助转移板将生坯小心移置于烤盘上，随后用割刀在生坯表面划出3道口子。直接入炉，喷射蒸汽（详见本书第50页），烘烤20～25分钟。
- 出炉后，将长棍置于烤架上排湿和冷却（图4）。

1
2
3
4

延迟发酵法传统法式长棍（无预先发酵）

Baguette de tradition française en pointage retardé sans préfermentation

难度：

提前1天　准备： 13分钟 · **水合：** 1小时 · **发酵：** 30分钟 · **冷藏：** 12小时
制作当天　发酵： 1小时05分钟～1小时20分钟 · **烘烤：** 20～25分钟 · **基础温度：** 54℃

食材（可制作2根长棍）

水合
300克传统法式面粉 · 195克水

最终搅拌
5克盐 · 2克新鲜酵母 · 15～30克后水

最后工序
面粉 · 细小麦粒粉

水合（提前1天）

- 在面缸里放入面粉和水，慢速搅拌3分钟直至面粉吸收完毕水。盖上面团，在面缸里放置1小时。

最终搅拌

- 在水合后的面缸里加入盐和新鲜酵母，慢速搅拌10分钟。在收尾前2分钟加入后水。搅拌完成时的面团温度为22℃。

基础发酵

- 盖住面团，在室温下发酵30分钟。
- 从面缸里取出面团，进行一轮翻面（图1）。然后置于带盖的容器内，放入冰箱冷藏至隔日使用（图2）。

分割和整型（制作当天）

- 将面团分割成2份生坯，每份重约260克（图3）。预整形为长棍状（详见本书第42～43页），静置松弛20分钟。
- 最后整形为长棍状。预先混合好面粉和细小麦粒粉（也可用粗粒杜兰小麦粉代替，其主要作用是防止粘连），撒在发酵布上。将长棍放置其上，注意接口处朝上（图4）。

最后发酵

- 在室温下发酵45分钟～1小时。

烘烤

- 平炉预热至240℃。烤箱中层放一个长38厘米、宽30厘米的烤盘。
- 取出加热好的烤盘，放在烤架上。借助转移板将生坯小心移置于烤盘上，随后用割刀在生坯表面划出3道口子。直接入炉，喷射蒸汽（详见本书第50页），烘烤20～25分钟。
- 出炉后，将长棍置于烤架上排湿和冷却。

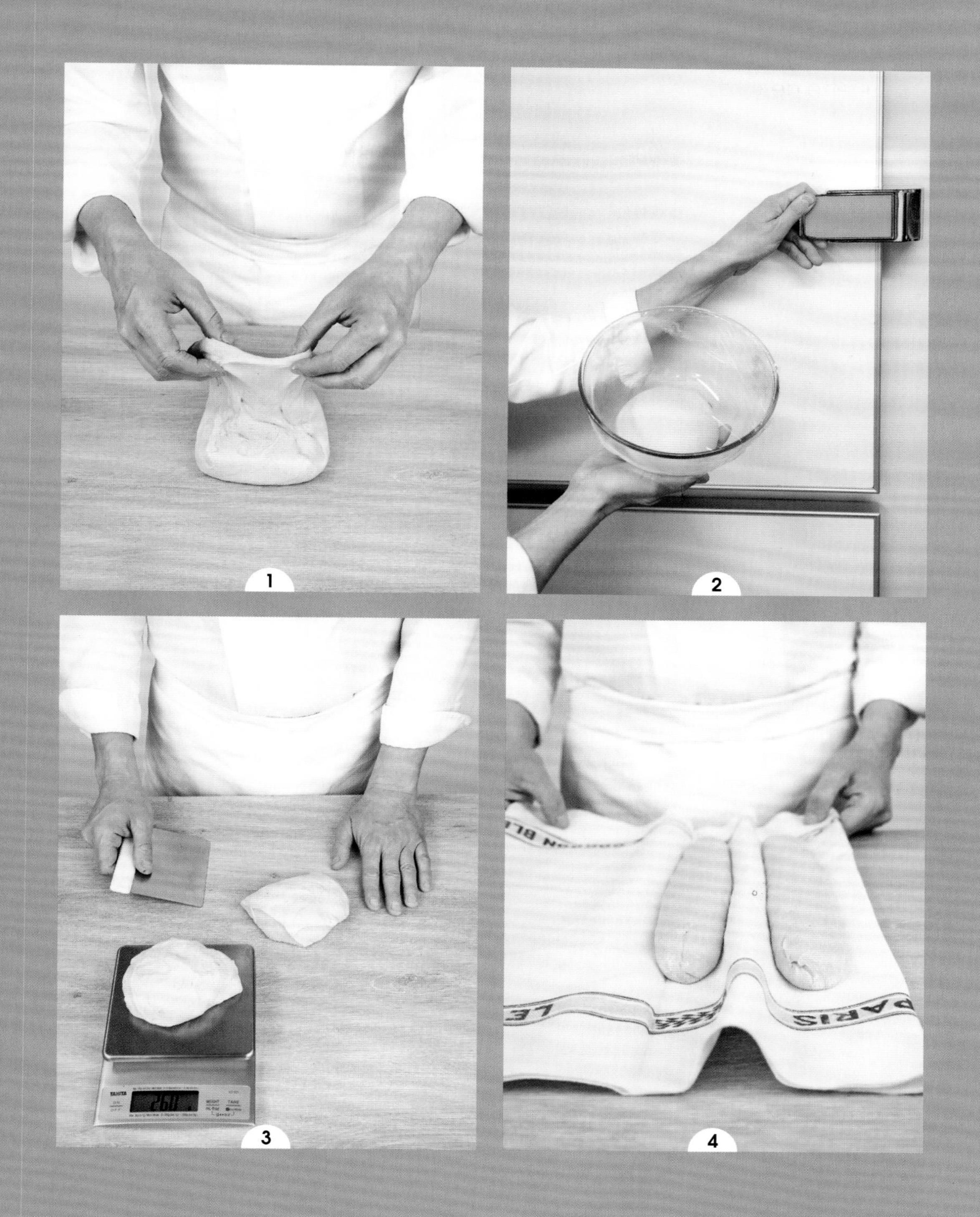
1
2
3
4
PARIS

鲁邦液种延迟发酵法传统法式长棍

Baguette de tradition française en pointage retardé sur levain liquide

难度： 🍞🍞

这款面包需要提前4天制作鲁邦液种。

提前1～2天　准备： 20分钟 · **水合：** 30分钟 · **发酵：** 30分钟 · **冷藏：** 12～24小时
制作当天　准备： 10分钟 · **发酵：** 1小时5分钟 · **烘烤：** 20～25分钟 · **基础温度：** 54℃

食材（可制作2根长棍）

38克鲁邦液种

水合

250克传统法式面粉 · 163克水

最终搅拌（总面团）

4克盐 · 2克新鲜酵母 · 12克后水

最后工序

面粉 · 细小麦粒粉

鲁邦液种（提前四天制作）

- 准备好一份鲁邦液种（详见本书第33页）。

水合（提前1～2天）

- 在面缸里放入面粉和水。以慢速搅拌至面粉吸收完毕水（图1）。盖住面团，在面缸里放置30分钟。

最终搅拌

- 在水合的面缸里放入盐、新鲜酵母和鲁邦液种。以慢速搅拌8～10分钟，在收尾前2分钟加入后水（图2），搅拌完成时的面团温度为22℃。

基础发酵

- 盖上面团，在室温下发酵30分钟。从面缸里取出面团，进行一轮翻面（图3），然后置于带盖的容器内，放入冰箱冷藏12～24小时。

分割和整形（制作当天）

- 将面团分割成2份生坯，每份重约230克。预整形为长棍状（详见本书第42～43页），静置松弛20分钟。
- 整形为长棍状。预先混合面粉和细小麦粒粉，撒在发酵布上。将长棍放置其上，接口处朝上（图4）。

最终发酵

- 在室温下发酵45分钟。

烘烤

- 平炉预热至240℃。烤箱中层放一个长38厘米、宽30厘米的烤盘。
- 取出加热好的烤盘。将生坯翻转移置于烤盘上，随后用割刀在生坯表面割出3道口子。直接入炉，喷射蒸汽（详见本书第50页），烘烤20～25分钟。
- 出炉后，将长棍置于烤架上排湿和冷却。

Electrolux
LE CORDON
1
2
3
4

维也纳长棍面包

Baguette viennoise

难度：

提前1天　准备：10分钟 · **冷藏：**12小时
制作当天　准备：12～14分钟 · **发酵：**2小时30分钟
烘烤：20～25分钟 · **基础温度：**60℃

食材（可制作3根长棍）

45克维也纳老面

搅拌

300克T45精细白面粉 · 8克新鲜酵母 · 6克盐
18克糖 · 40克全蛋液 · 150克牛奶

最后工序

1个全蛋+1个蛋黄（搅打均匀）· 30克软化的黄油

维也纳老面（提前1天）

- 准备好维也纳老面，放入冰箱冷藏过夜至使用（详见本书第31页）。

搅拌（制作当天）

- 在面缸里放入面粉、新鲜酵母、盐、糖、全蛋液、牛奶和切成小块的45克维也纳老面。以慢速搅拌4分钟，随后转为快速搅拌8～10分钟。搅拌完成时的面团温度为25℃。

基础发酵

- 用湿的厨房巾覆盖面团，让其在室温下发酵20分钟。

分割和整形

- 将面团分割成3份生坯，每份重约190克。预整形为长棍状（详见本书第42～43页），静置松弛10分钟。
- 每份生坯擀卷7次，最后整形为极紧的长棍状。放在一个长38厘米、宽30厘米的烤盘上，并预先铺好烘焙油纸。随后在表面割出维也纳面包特有的倾斜状花纹（详见本书第44页），刷一层上色的蛋液。

最终发酵

- 在25℃的发酵箱里发酵2小时（详见本书第54页）。

烘烤

- 风炉预热至210℃。给生坯刷上第二层蛋液。入炉，烤盘放在中层，烘烤20～25分钟。
- 出炉后，将长棍放在烤架上，刷上黄油。

白巧克力维也纳长棍面包

Baguette viennoise au chocolat blanc

食材：590克维也纳长棍面包的面团 · 150克烘焙用白巧克力豆 · 1/2个青柠檬的皮屑

- 在搅拌好后的维也纳长棍面包的面团中，加入白巧克力豆和青柠檬皮屑，以慢速搅拌1分钟。之后的操作步骤与维也纳长棍面包一致。最后以180℃烘烤20分钟。

鲁邦硬种直接法 T110 石磨粉面包

Pain de meule T110 en direct sur levain dur

难度： ✩✩✩

这款面包需要提前4天制作鲁邦液种。

提前1天　准备： 4分钟 · **发酵：** 2小时
冷藏： 12小时
制作当天　准备： 10分钟 · **发酵：** 3小时35分钟
烘烤： 40分钟 · **基础温度：** 75℃

食材（可制作1个面包）

石磨粉鲁邦硬种
250克T110石磨粉 · 125克鲁邦液种
125克40℃的水

搅拌
400克T110石磨粉 · 100克传统法式面粉
13克盖朗德海盐 · 1克新鲜酵母 · 350克水
300克石磨粉鲁邦硬种（提前1天制作）
后水（最多50克）
- - - - - - - - - - - - - -
用在最后工序里的面粉

鲁邦液种（提前4天制作）

- 准备好一份鲁邦液种（详见本书第33页）。

石磨粉鲁邦硬种（提前1天）

- 在面缸里混合面粉、鲁邦液种和水。以慢速搅拌4分钟，随后在室温下发酵2小时。接着装入带盖的大号容器内，放入冰箱冷藏至少12小时。

搅拌（制作当天）

- 在面缸里放入两种面粉、盖朗德海盐、新鲜酵母、水以及切成小块的石磨粉鲁邦硬种。以慢速搅拌10分钟，在收尾前2分钟加入后水。搅拌完成时的面团温度为25～27℃。
- 将面团放入一个预先撒好面粉的容器内，进行一轮轻柔的翻面，力度不要过大。

基础发酵

- 盖上厨房巾，在室温下发酵1小时15分钟。一般来说，面团在基础发酵时，我们覆盖的是湿的厨房巾，这样可以避免面团表面结壳。在最终发酵时，一般覆盖干巾或者发酵布，这样能促成结壳定形，便于后期转移到烤盘，而且在割包时不粘刀。

整形

- 将生坯先滚圆，静置松弛20分钟。再搓长，放置在预先撒好面粉的厨房巾上面，请记得接口处朝上。

最终发酵

- 在室温下发酵2小时。

烘烤

- 平炉预热至250℃。烤箱中层放一个长38厘米、宽30厘米的烤盘。
- 取出加热好的烤盘，放在烤架上。借助转移板将生坯小心翻转移置于烤盘上。撒上面粉，用割刀在生坯表面沿长边划一刀。直接入炉，温度降至220℃。喷射蒸汽（详见本书第50页），烘烤40分钟。
- 出炉后，放在烤架上排湿和冷却。

鲁邦液种延迟发酵法乡村面包

Pain de campagne en pointage retardé sur levain liquide

难度：

这款面包需要提前4天制作鲁邦液种。

提前1～2天　准备：11分钟 · **发酵：**30分钟 · **冷藏：**12～24小时
制作当天　发酵：1小时5分钟 · **烘烤：**25～30分钟 · **基础温度：**65℃

食材（可制作2个面包）

100克鲁邦液种

搅拌

425克传统法式面粉 · 75克T170石磨粉 · 10克盖朗德海盐 · 350克水 · 1克新鲜酵母 · 25克后水

鲁邦液种（提前四天制作）

- 准备好一份鲁邦液种（详见本书第33页）。

搅拌（提前1～2天）

- 在面缸里放入两种面粉、盖朗德海盐、鲁邦液种、水和新鲜酵母。先以慢速搅拌7分钟，随后转为中速继续搅拌4分钟。在收尾前2分钟加入后水，面团完全吸收水后，呈现光滑质地。搅拌完成时的面团温度为23℃。

基础发酵

- 从面缸里取出面团，放入带盖的容器内。在室温下发酵30分钟。
- 进行一轮翻面，盖上厨房巾，放入冰箱冷藏12～24小时。

分割和整形（制作当天）

- 将面团分割成2份生坯，每份重约490克。先滚圆，再静置松弛20分钟。
- 最后整形为短棍状，放置在预先撒好面粉的发酵布上，记得接口处朝上。

最终发酵

- 室温下发酵45分钟。

烘烤

- 平炉预热至250℃。烤箱中层放一个长38厘米、宽30厘米的烤盘。
- 取出加热好的烤盘，放在烤架上。借助转移板将生坯小心翻转移置于烤盘上，随后用割刀在生坯表面划出2道口子。直接入炉，温度降至230℃。喷射蒸汽（详见本书第50页），烘烤25～30分钟。
- 出炉后，将面包置于烤架上排湿和冷却。

LE CORDON BLEU®
PARIS · 1895
LE CORDON BLEU®

营养谷物面包

Pain nutritionnel aux graines

难度： ♔

这款面包需要提前4天制作鲁邦液种。

提前1天　准备： 5分钟 · **冷藏：** 12小时

制作当天　准备： 11分钟 · **发酵：** 2小时50分钟～3小时20分钟 · **烘烤：** 40分钟 · **基础温度：** 54℃

食材（可制作1个面包）

80克鲁邦液种

谷物波兰种

80克混合谷物（褐色亚麻籽、黄金亚麻籽、小米、黑芝麻碎、葵花籽）

32克烘烤过的芝麻碎 · 32克T170黑麦粉 · 200克水 · 0.5克新鲜酵母

搅拌

400克T65面粉 · 8克盐 · 2克新鲜酵母 · 170克水

用于涂抹模具的葵花籽油 · 用在最后工序里的普通小麦粉

鲁邦液种（提前4天制作）

- 准备好一份鲁邦液种（详见本书第33页）。

谷物波兰种（提前1天）

- 在碗里用蛋抽搅匀混合谷物、烘烤过的芝麻碎、黑麦粉、水、新鲜酵母和鲁邦液种。盖上碗，放入冰箱冷藏过夜。

搅拌（制作当天）

- 在面缸里放入面粉、盐、新鲜酵母、水和谷物波兰种。以慢速搅拌7分钟，随后转为中速继续搅拌4分钟。搅拌完成时的面团温度为23℃。

基础发酵

- 盖上厨房巾，在室温下发酵30分钟。
- 进行一轮翻面，盖上厨房巾，在室温下发酵1小时。

分割和整形

- 将面团分割成4份生坯，每份重约250克。也可以不分割。预整形为球状，静置松弛20分钟。
- 将4个小的球状生坯再次滚圆，赋予面团必要的张力；或者将1千克的单个球状生坯整形为长棍状（详见本书第42～43页）。将4个小的球状生坯或单个长棍生坯放入一个预先涂抹了油脂的模具内，模具尺寸为长28厘米、宽9厘米、高11厘米。

最终发酵

- 在室温下发酵1小时～1小时30分钟。

烘烤

- 平炉预热至240℃。烤箱中层放一个烤架。
- 用筛网在生坯表面撒上小麦粉。入炉，温度降至220℃，喷射蒸汽（详见本书第50页），烘烤约40分钟。
- 出炉后，脱模，放在烤架上排湿和冷却。

鲁邦硬种全麦面包

Pain intégral sur levain dur

难度： 🍞🍞

这款面包需要提前4天制作鲁邦硬种。

提前1天　准备： 8分钟 · **发酵：** 1小时 · **冷藏：** 12～18小时

制作当日　准备： 10分钟 · **发酵：** 2小时20分钟 · **烘烤：** 40～45分钟 · **基础温度：** 58℃

食材（可制作1个面包）

150克鲁邦硬种

搅拌

500克T150全麦粉 · 280克水 · 10克盐 · 4克新鲜酵母

用在最后工序里的普通小麦粉

鲁邦硬种（提前4天制作）

- 准备好一份鲁邦硬种（详见本书第34页）。

搅拌（提前1天）

- 在面缸里放入全麦粉、水、盐、新鲜酵母和切成小块的鲁邦硬种。以慢速搅拌8分钟，搅拌完成时的面团温度为22℃。

基础发酵

- 盖上面团，在室温下发酵1小时。进行一轮翻面，放入冰箱冷藏12～18小时。

分割和整型（制作当天）

- 滚圆后静置松弛20分钟。
- 再次滚圆，放入一个大号碗里，并预先垫有一块撒了大量小麦粉的厨房巾。注意面团接口处朝上，最后用保鲜膜封住碗。

最终发酵

- 室温下发酵2小时。

烘烤

- 平炉预热至250℃。放入一个直径为24厘米的带盖铁铸锅。
- 用烘焙油纸剪出一块直径为24厘米的圆片。轻柔地将生坯翻转移置其上，用手在面团表面撒上小麦粉。取割刀先在周边割出四道口子，形成1个正方形，再于中间割出1个十字。
- 在铁铸锅底部放3块冰，接着连烘焙油纸带生坯放入加热好的铁铸锅内。盖上锅盖，入炉烘烤40～45分钟。30分钟后拿掉锅盖，再继续烘烤10～15分钟。
- 出炉后，从铁铸锅里取出面包，放在烤架上排湿和冷却。

荞麦圆面包

Tourte de sarrasin

难度： ○○○

这款面包需要提前4天制作鲁邦硬种。

提前1天　准备： 13～14分钟 · **冷藏：** 12小时
制作当天　准备： 10分钟 · **发酵：** 2小时30分钟
烘烤： 40分钟

食材（可制作1个圆面包）

续养鲁邦硬种

125克鲁邦硬种

250克T110 石磨粉 · 125克40℃的水

石磨粉鲁邦种

218克提前1天制作的老面

62.5克荞麦粉 · 62.5克80℃的水

搅拌

187.5克70℃的水 · 150克传统法式面粉

37.5克荞麦粉 · 7.5克盐

鲁邦硬种（提前4天制作）

- 准备好一份鲁邦硬种（详见本书第34页）。

续养鲁邦硬种（提前1天）

- 搅拌机装上桨叶，面缸里放入石磨粉、鲁邦硬种和水，以慢速搅拌3～4分钟。从面缸里取出面团，装进带盖的碗里，放入冰箱冷藏过夜。

老面（提前1天）

- 准备好老面，放入冰箱冷藏至隔日使用（详见本书第31页）。

石磨粉鲁邦种（制作当天）

- 在面缸里放入荞麦粉、218克经过续养的鲁邦硬种、218克切成小块的老面以及水。慢速搅拌至质地匀称。用保鲜膜盖住面团，让其留在面缸里发酵1小时。

搅拌

- 将水加进石磨粉鲁邦种内，然后再加入两种面粉和盐。以慢速搅拌3～4分钟，随后转为中速继续搅拌2分钟。搅拌完成时的面团温度为30～35℃。

基础发酵

- 面团留在面缸里，盖上保鲜膜。让其发酵1小时15分钟。

整形和最终发酵

- 工作台面上撒上足够多的面粉，放上面团。将周边迅速向中间折起，预整形为球状，再放进预先撒好面粉、直径为22厘米的藤篮内。请注意面团接口处要朝上，并用手指捏紧实。盖上湿的厨房巾，在室温下发酵15分钟。

烘烤

- 平炉预热至260℃。烤箱中层放一个长38厘米、宽30厘米的烤盘。
- 取出加热好的烤盘，放在烤架上，并铺好烘焙油纸。将藤篮在烤盘上小心翻转，再取割刀于面团表面割出4道口子，形成1个正方形。入炉，喷射蒸汽（详见本书第50页）。10分钟左右后，待蒸汽消，关掉烤箱，用余温继续烘烤30分钟。出炉后，放在烤架上排湿和冷却。

鲁邦液种斯佩尔特小麦面包

Pain d’épeautre sur levain liquide

难度：

这款面包需要提前4天制作鲁邦液种。

准备： 8分钟 · **发酵：** 3小时50分钟 · **烘烤：** 40～45分钟 · **基础温度：** 65℃

食材（可制作1个面包）

150克鲁邦液种

搅拌

500克斯佩尔特小麦粉 · 280克水 · 10克盐 · 4克新鲜酵母

鲁邦液种（提前4天制作）

- 准备好一份鲁邦液种（详见本书第33页）。

搅拌

- 在面缸里放入小麦粉、水、盐、新鲜酵母和鲁邦液种。以慢速搅拌8分钟，搅好后的面团温度为23～25℃。

基础发酵

- 盖上面团，在室温下发酵1小时30分钟。

整形

- 滚圆，静置松弛20分钟。
- 最后整形为球状，放置在预先撒好面粉的发酵布上，注意接口处朝上。

最终发酵

- 在室温下发酵2小时。

烘烤

- 平炉预热至250℃，放入一个直径为24厘米的带盖铁铸锅。
- 用烘焙油纸剪出一块直径为24厘米的圆片。轻柔地将生坯翻转移置其上，用手在面团表面撒上面粉。取割刀先在周边割出4道口子，形成1个正方形，再于中间割出1个十字。
- 在铁铸锅底部放3块冰，接着连烘焙油纸带生坯放入加热好的铁铸锅内，盖上锅盖，入炉烘烤40～45分钟。烘烤30分钟后拿掉锅盖，继续烘烤10～15分钟。
- 出炉后，从铁铸锅里取出面包，放在烤架上排湿和冷却。

节日小面包

Petits pains de fêtes

难度：

准备：15分钟 · **发酵：**1小时30分钟 · **烘烤：**15分钟 · **基础温度：**54℃

食材（可制作8个小面包）

500克T45精细白面粉 · 325克牛奶 · 9克盐 · 20克糖 · 15克新鲜酵母 · 125克冷的黄油

最后工序

黑芝麻碎 · 用于黏合的葵花籽油 · 面粉

无比精致的面包

这些用于庆祝活动和节日的小面包，可借助个性化的镂空模板变化出不同造型。模板的花样繁多，选择丰富。除了通过购买，还可以根据个人喜欢的图案进行创造。我们建议将图案印在半硬质的材料上，这样耐用度更佳。

搅拌

- 在面缸里放入面粉、牛奶、盐、糖和新鲜酵母。以慢速搅拌5分钟至面粉吸收完毕液体，面团变得柔软又粘黏。再一次性加入所有的黄油，转为快速，继续搅拌10分钟至得到柔软又光滑的面团。

基础发酵

- 将面团滚圆，放入一个大碗内，盖上湿的厨房巾或者保鲜膜，在室温下发酵30分钟。

分割和整形

- 先分出350克面团，用擀面杖擀成厚度为2毫米的面皮。准备一个预先铺好烘焙油纸的烤盘，放入面皮，打湿其表面，并撒满黑芝麻碎（图1）。将烤盘放进冰箱冷冻，使面皮变硬。取出后，扫去多余的黑芝麻碎，用切模割出直径为7厘米的8个圆片（图2），放入冰箱冷冻备用。
- 将剩余的面团分割成8份生坯，每份重约80克。整形为较为紧实的球状，放在长38厘米、宽30厘米的烤盘上，并预先铺好烘焙油纸。

最终发酵

- 在25℃的发酵箱里发酵1小时（详见本书第54页）。
- 取出沾满黑芝麻碎的圆片，翻转过来后，用刷子在边缘刷上葵花籽油（图3）。再用刷子将每份球状生坯的中心部位微微打湿，随后将圆片盖在球状生坯表面（图4）。将不同造型的镂空模板放在圆片上，用细筛网筛上面粉，最后小心地拿掉模板（图5、图6），即可得到不同的花纹。

烘烤

- 风炉预热至145℃。入炉，烤盘放在中层，烘烤15分钟。
- 出炉后，放在烤架上排湿和冷却。

1
2
3
4
5
6

装饰面包

Pain party

难度： ♧

准备： 10～11分钟 · **发酵：** 1小时30分钟 · **烘烤：** 20～25分钟 · **基础温度：** 58℃

食材（可制作1个面包）

500克T150全麦粉 · 300克T130黑麦粉 · 200克T55面粉 · 600克水
20克盐 · 20克新鲜酵母 · 25克黄油

装饰（非必要）

黑芝麻碎 · 白芝麻碎 · 面粉或香料

自制食用胶水

250克T130黑麦粉+215克水（用刮刀搅匀）

用在最后工序里的面粉

极具技术性的趣味创造

以艺术的方式，将面团处理成形状、颜色和大小都各不相同的面包，是何等的乐趣。装饰面包最初是知名面包竞赛里的项目，这一点鲜为人知。现在它经常在宴会中扮演烘托氛围的角色，并对制作者的技术和灵活性有一定要求。

搅拌

- 在面缸里放入3种面粉、水、盐、新鲜酵母和黄油。以慢速搅拌4分钟，随后转为中速继续搅拌6～7分钟。搅好后的面团温度为25℃。盖上保鲜膜，在室温下发酵30分钟。

底座

- 分出800克面团，用擀面杖擀至1厘米厚度（图1、图2），随后按自己的喜好切割成不同形状，并保持切口边缘整齐利落。用细筛网筛上面粉，小刀沿面皮边缘划出割口（图3），也可以用镂空模板进行切割和装饰。
- 放在一个长38厘米、宽30厘米的烤盘上，并预先铺好烘焙油纸。转入发酵箱，在25℃下发酵1小时（详见本书第54页）。

主体

- 分出500克面团，用擀面杖擀至8毫米厚度。打湿其表面，并撒满黑芝麻碎（图4）。放在一个长38厘米、宽30厘米的烤盘上，并预先铺好烘焙油纸。将烤盘放入冰箱冷冻，使面皮变硬，便于之后进行切割。
- 从冰箱冷冻里取出面皮，先抖掉多余的黑芝麻碎，再进行主体造型的切割（图5）。借助镂空模具，切割出所需形状（图6）。放在一个长38厘米、宽30厘米的烤盘上，并预先铺好烘焙油纸。转入发酵箱，在25℃下发酵1小时（详见本书第54页）。
- 可加入面粉或香料增加色彩效果（图7），但此举不是必要步骤。最后用小刀沿面皮边缘划出小的割口（图8）。

副主体

- 用擀面杖将剩余的面团擀至6毫米厚度，按所需切割出3个副主体造型。可以将其中1个打湿，撒满黑芝麻碎；第二个撒满白芝麻碎；最后1个用极细的筛网筛上面粉或香料。将它们放在一个长38厘米、宽30厘米的烤盘上，并预先铺好烘焙油纸。转入发酵箱，在25℃下发酵1小时（详见本书第54页）。
- 收集好剩余的面团边角料，擀成厚度为5毫米的面皮。用叉子叉洞，再切割出2个高度与主体一致的大三角形，以及至少3个与副主体同等大小的小三角形。配合不同造型的镂空模板，撒上面粉，展示出主题元素。

烘烤

- 平炉预热至230℃。烤盘入炉后喷射蒸汽（详见本书第50页），烘烤20～25分钟。出炉后将这些配件放在烤架上冷却。

组装

- 冷却后，将主体固定在底座上。具体操作为：先用小刀标出用来支撑主体的三角形的位置，挖至5毫米深度。
- 再用小勺或者裱花袋，将自制的食用胶水填进挖出的空处，插入大三角形（图9）。在支撑主体的那一面抹上食用胶水，随后粘上主体。最后对副主体进行同样的操作。

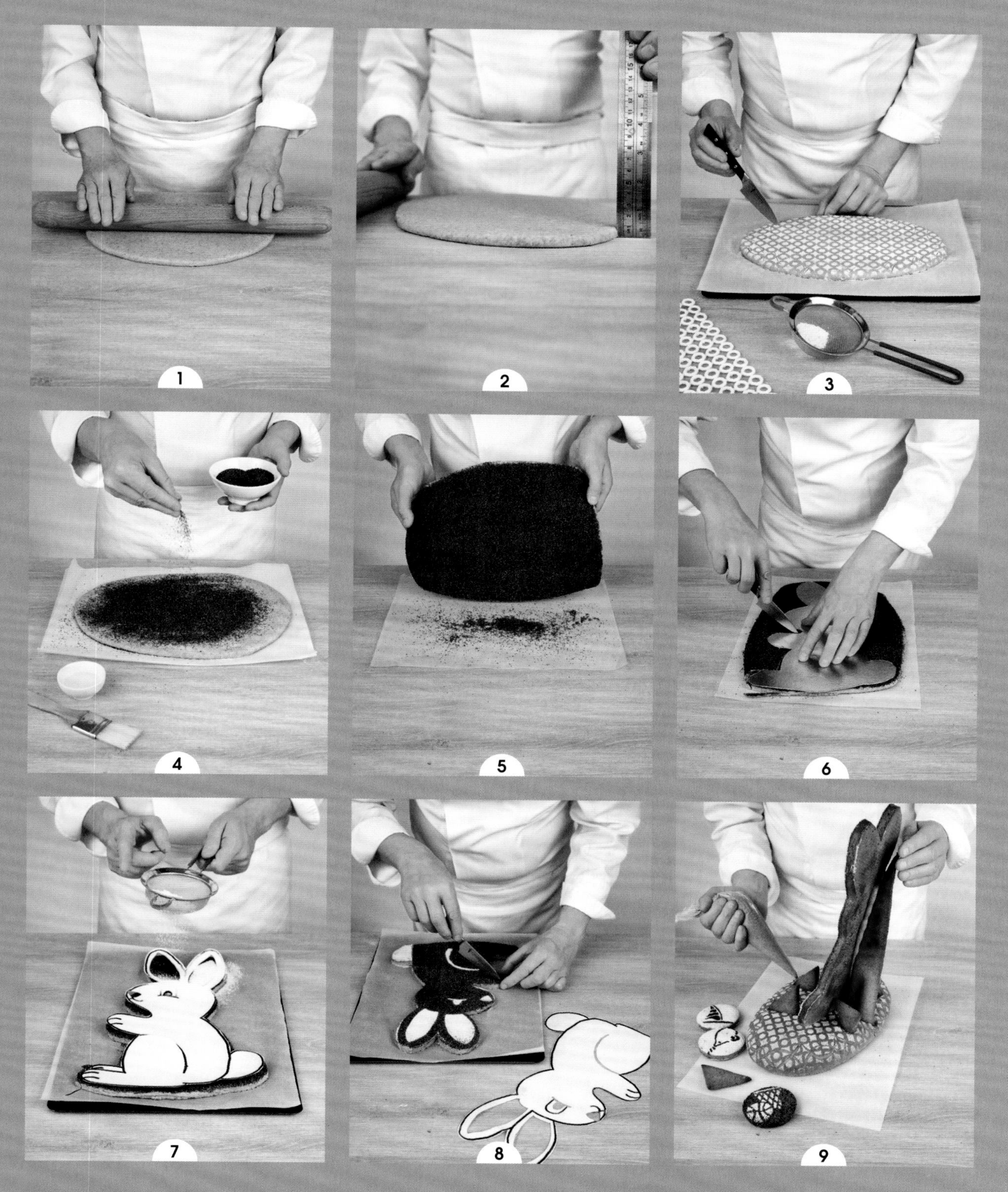
1
2
3
4
5
6
7
8
9

香料面包

苹果酒面包

Pain au cidre et aux pommes

难度：

提前1天　准备：10分钟 · **发酵：**30分钟
冷藏：12小时
制作当天　准备：12分钟 · **发酵：**2小时50分钟
烘烤：30分钟 · **基础温度：**58℃

食材（可制作2个面包）

浸泡液

138克干苹果酒 · 150克切成小方块的苹果
100克士麦纳葡萄干

150克老面

搅拌

25克苹果酒 · 325克水 · 500克传统法式面粉
12.5克盐 · 7.5克新鲜酵母 · 葵花籽油

浸泡液和老面（提前1天）

- 在碗里混合干苹果酒、苹果块和葡萄干。盖上保鲜膜，放入冰箱冷藏过夜。
- 准备好老面，放入冰箱冷藏至隔日使用（详见本书第31页）。

搅拌（制作当天）

- 倒出浸泡过的水果，预留50克的浸泡液。
- 在面缸里放入浸泡液、苹果酒、水、面粉、盐、新鲜酵母和切成小块的150克老面。以慢速搅拌7分钟，随后转为中速继续搅拌4分钟。加入浸泡过的水果，再用慢速搅拌约1分钟，直至与面团融合。搅拌完成时的面团温度为23℃。

基础发酵

- 盖上厨房巾，在室温下发酵30分钟。进行一轮翻面，再盖上厨房巾，室温下继续发酵1小时。

分割和整形

- 将面团分割成2份生坯，每份重约535克。先滚圆，静置松弛20分钟，最终整形为短棍状。
- 工作台面上撒上足够多的面粉，放上生坯。用擀面杖沿着生坯的长边，将三分之一处擀薄擀开，直至能叠盖住生坯的整个表面。在此薄片边缘的5毫米处轻轻刷上葵花籽油，中心部位则刷上水。提起薄片，盖在生坯上，最后将生坯放在预先撒有少许面粉的发酵布上，请注意，接口处朝上。

最终发酵

- 盖上湿的厨房巾，在室温下发酵1小时。

烘烤

- 平炉预热至240℃，烤箱中层放一个长38厘米、宽30厘米的烤盘。取出加热好的烤盘，放在烤架上，并铺好烘焙油纸。
- 借助转移板将生坯小心翻转移置于烤盘上，取割刀先沿着长边划一刀，随后在两侧斜着划出小的割口。
- 直接入炉，温度降至220℃，喷射蒸汽（详见本书第50页），烘烤30分钟。
- 出炉后，将面包放在烤架上排湿和冷却。

普罗旺斯酥皮面包

Pain feuilleté provençal

难度：

提前1天　准备：10分钟 · **冷藏：**24小时
制作当天　发酵：2小时20分钟 · **烘烤：**2小时 · **基础温度：**54℃

食材（可制作1个面包）

360克T65面粉 · 7克盐 · 9克新鲜酵母 · 17克黄油 · 180克水

油酥

140克干黄油

内馅

85克切成4瓣的黑橄榄 · 85克切成4瓣的青橄榄 · 140克切成4瓣的番茄干
切碎的新鲜罗勒叶

用于涂抹模具的葵花籽油

搅拌（提前1天）

- 在面缸里放进面粉、盐、新鲜酵母、黄油和水。以慢速搅拌4分钟，随后转为中速继续搅拌6分钟。面团成形后滚圆，盖上保鲜膜，放入冰箱冷藏24小时。

油酥（制作当天）

- 准备一块边长为14厘米，呈正方形的干黄油（详见本书第206页），此为油酥。用擀面杖将面团擀成能抵住油酥四角的圆片，将油酥放置其上，然后将面团从周边向中间折叠，包住油酥。
- 进行一次4折和一次3折（详见本书第208页），然后裹上保鲜膜，放入冰箱冷冻20分钟。

整形

- 用擀面杖将上个步骤制成的酥皮面团擀压成一块长40厘米、宽30厘米的长方形，厚度为3毫米。取一把刷子，蘸水将表皮打湿，撒上内馅。
- 将面团卷起，沿长边对半切开，卷成麻花状。放入预先涂抹了葵花籽油的带盖模具内，长宽高尺寸分别为28厘米、10厘米、9厘米。

最终发酵

- 在25℃的发酵箱里发酵至少2小时（详见本书第54页），直到面团膨胀至模具顶盖处。

烘烤

- 平炉预热至220℃。入炉，模具放在中层，温度降至160℃，烘烤2小时。
- 出炉后，脱模，将面包放在烤架上排湿和冷却。

豆子素食面包

Pain végétal aux légumineuses

难度：

这款面包需要提前4天制作鲁邦液种。

提前1天　准备： 20分钟 · **烹饪：** 20分钟 · **冷藏：** 12小时

制作当天　准备： 8分钟 · **发酵：** 2小时20分钟～2小时40分钟 · **烘烤：** 40分钟 · **基础温度：** 90℃

食材（可制作1个面包）

80克鲁邦液种

谷物波兰种

45克珊瑚扁豆 · 45克黑扁豆 · 25克烘烤过的芝麻碎 · 20克南瓜子

1克新鲜酵母 · 200克豆子水（若不够，加水补充）

搅拌

400克传统法式面粉 · 9克盐 · 2克新鲜酵母 · 150克水 · 15克后水（非必要）

虎皮挂浆液

90克T130黑麦粉 · 100克酒精含量为5.5%的金啤酒 · 2克新鲜酵母 · 1/4咖啡匙黑咖喱粉

用于涂抹模具的葵花籽油

独特的健康面包

豆子作为植物蛋白和膳食纤维的来源，能增加面包的营养成分。请充分煮熟这些豆子，并将豆子水留存用于制作波兰种，也请留意波兰种里的各种原材料务必要混合均匀。

鲁邦液种（提前4天准备）

- 准备好一份鲁邦液种（详见本书第33页）。

谷物波兰种（提前1天）

- 锅里放入两种扁豆，加水没过扁豆，煮至沸腾后，小火烹饪20分钟左右（图1）。煮完后，沥干，豆子水待其冷却后，备用（图2）。
- 在碗里用刮刀将扁豆、芝麻碎、南瓜子、新鲜酵母和豆子水混合搅拌均匀（图3）。豆子水若分量不足，请加入水补充。盖上保鲜膜，放入冰箱冷藏至隔日。

搅拌（制作当天）

- 在面缸里放入谷物波兰种、面粉、盐、新鲜酵母、80克鲁邦液种和水（后水除外）（图4）。以慢速搅拌3分钟，随后转为中速继续搅拌5分钟。当面团不粘缸壁时，加进后水。最终搅拌好的面团应依旧呈不粘缸壁状态，温度为23～25℃。

基础发酵

- 面团留在面缸里，盖上一块湿的厨房巾，让其发酵30分钟。
- 从面缸里取出面团，在工作台面上进行一轮翻面。盖上一块湿的厨房巾，在室温下继续发酵30～45分钟。

整形和虎皮挂浆液

- 将面团预整形为短棍状，静置松弛10～15分钟。
- 在松弛期间，制作虎皮挂浆液。在碗里用蛋抽将黑麦粉、金啤酒、新鲜酵母和黑咖喱粉混合均匀，备用（图5）。
- 将面团最终整形为长棍状，放入预先涂抹好葵花籽油，长宽高尺寸分别为28厘米、10厘米、9厘米的模具内（图6）。用软质刮刀将虎皮挂浆液刷在面团表面（图7），最后撒上面粉，静置10分钟后再撒一次面粉（图8、图9）。

最终发酵

- 在室温下发酵1小时，无需盖住。

烘烤

- 平炉预热至240℃。
- 入炉，模具放在中层，温度降至210℃，烘烤40分钟。
- 出炉后，脱模，将面包放在烤架上排湿和冷却。

1
2
3
4
5
6
7
8
9

特制佐鹅肝专用面包

Pain spécial foie gras

难度：♔

提前1天　准备：15分钟 · **发酵：**30分钟
冷藏：12小时
制作当天　准备：11分钟 · **发酵：**2小时50分钟
烘烤：20～25分钟 · **基础温度：**58℃

食材（可制作3个面包）

谷物波兰种
100克混合谷物（褐色亚麻籽、黄金亚麻籽、小米）
40克烘烤过的芝麻碎 · 40克T170黑麦粉
267克水 · 1克新鲜酵母

113克老面

搅拌
534克传统法式面粉 · 10克盐 · 13克新鲜酵母
220克水 · 100克切成小块的杏干
100克切成小块的无花果干 · 67克士麦纳葡萄干
67克烘烤过的榛子

用于涂抹模具的软化黄油

谷物波兰种（提前1天）

- 在碗里用蛋抽将混合谷物、芝麻碎、黑麦粉、水和新鲜酵母混合均匀。盖上保鲜膜，放入冰箱冷藏至隔日。

老面（提前1天）

- 准备好老面，放入冰箱冷藏至隔日使用（详见本书第31页）。

搅拌（制作当天）

- 在面缸里放入面粉、盐、新鲜酵母、切成小块的老面和水。加入谷物波兰种，以慢速搅拌7分钟，随后转为中速继续搅拌4分钟，最后以慢速加入所有果干。搅拌完成时的面团温度为23℃。

基础发酵

- 在室温下发酵30分钟。进行一轮翻面，继续在室温下发酵1小时。

分割和整形

- 将面团分割成3份生坯，每份重约550克。先滚圆，再静置松弛20分钟。
- 最后整形为长棍状（详见本书第42～43页）。将生坯放入3个预先涂抹了黄油的模具内，尺寸为长19厘米、宽9厘米、高7厘米。

最终发酵

- 在室温下发酵1小时。

烘烤

- 平炉预热至240℃。
- 在生坯表面割出7条均等的斜线。直接入炉，模具放在中层，喷射蒸汽（详见本书第50页），烘烤20～25分钟。
- 出炉后，脱模，将面包放在烤架上排湿和冷却。

缤纷吐司

Pain de mie Arlequin

难度：

准备：10～12分钟 · **发酵：**3小时20分钟 · **烘烤：**1小时2分钟 · **基础温度：**58℃

食材（可制作1个面包）

姜黄面团

150克T45精细白面粉 · 3.6克新鲜酵母 · 15克糖 · 3克盐 · 25克全蛋液
15克软化黄油 · 100克牛奶 · 1.5克姜黄

墨鱼汁面团

150克T45精细白面粉 · 3.6克新鲜酵母 · 15克糖 · 3克盐 · 25克全蛋液
15克软化黄油 · 100克牛奶 · 10克墨鱼汁

甜菜根汁面团

150克T45精细白面粉 · 3.6克新鲜酵母 · 15克糖 · 3克盐 · 15克软化黄油 · 37克牛奶 · 80克甜菜根汁

用于涂抹模具的油

糖浆

100克水 · 130克糖

多彩吐司

这款面包的独特之处在于其内瓤的彩色条纹。也可以用其他天然色素来取代原配方里的食材，例如：咖喱替代姜黄、番茄汁替代甜菜根汁。除此之外，菠菜汁、紫甘蓝汁等，也是很好的选择。

主厨小贴士：为了避免这些彩色的生坯造成工作台面的染色，建议先垫上一块硅胶垫，再进行擀压的操作。

搅拌

- 在面缸里放入面粉、新鲜酵母、糖、盐、全蛋液、黄油、牛奶和姜黄。以慢速搅拌3～4分钟，随后转为中速继续搅拌7～8分钟。
- 以同样的方式搅拌墨鱼汁面团和甜菜根汁面团（图1～3）。最终搅拌好的面团温度为23℃。

基础发酵

- 将面团从面缸里逐一取出，放在单独的碗里，盖上保鲜膜，在室温下发酵20分钟。
- 进行一轮翻面，再盖上保鲜膜，放入冰箱冷藏1小时。

整形

- 取一块硅胶垫，用擀面杖将每块面团擀压成一块长28厘米、宽9厘米的长方形生坯（图4）。
- 用刷子在姜黄生坯表面轻刷一层水，接着将墨鱼汁生坯放置其上，在墨鱼汁生坯表面再轻刷一层水，最后叠上甜菜根汁生坯（图5）。
- 将制成的彩色生坯卷成紧实的短棍状（图6），用刀沿长边对半剖开（图7），接着拧成麻花状（图8）。放入预先涂抹了油的模具内（图9），尺寸如下：长28厘米、宽10厘米、高9厘米。

最终发酵

- 在25℃的发酵箱里发酵2小时（详见本书第54页）。

烘烤

- 风炉预热至145℃。入炉，模具放在中层，烘烤1小时。
- 开始准备糖浆：取一个小锅，将糖和水煮至沸腾。离火，待其冷却。面包出炉后，刷上糖浆，回炉继续烘烤2分钟。
- 出炉后，脱模，将面包放在烤架上排湿和冷却。

主厨小贴士：如果想要制作原味吐司，可用如下原材料准备面团：450克T45精细白面粉、11克新鲜酵母、45克糖、9克盐、50克全蛋液、45克软化的黄油和300克牛奶。基础发酵后，将生坯整形为紧实的长棍状，放入模具。最终发酵以及烘烤步骤按照上文操作。

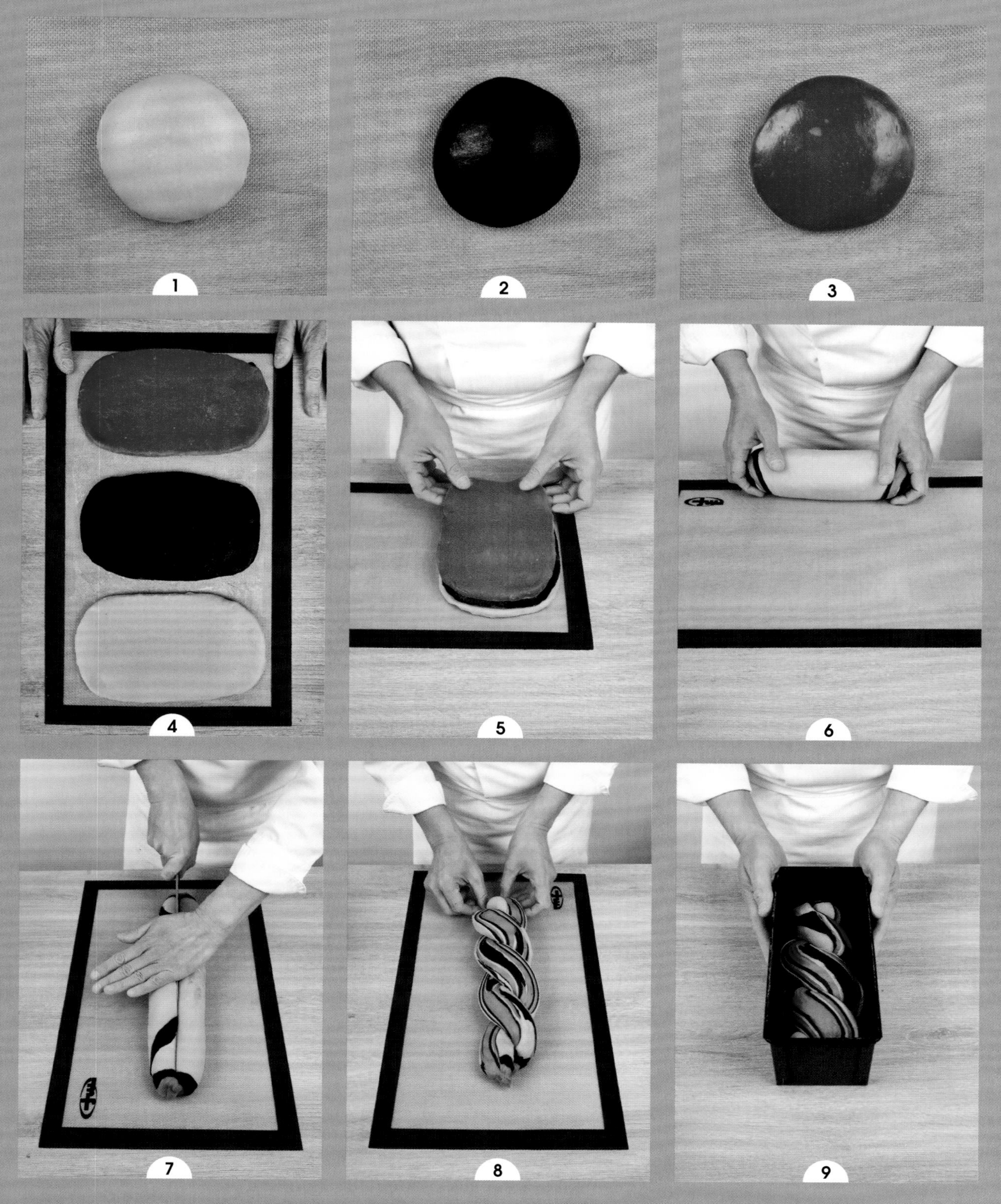
1
2
3
4
5
6
7
8
9

葡萄干黑麦棒

Bâtonnet de seigle aux raisins secs

难度：

提前1天　准备：10分钟 · **发酵：**30分钟
冷藏：12小时
制作当天　准备：10分钟 · **发酵：**1小时
烘烤：20分钟 · **基础温度：**77℃

食材（可制作6根黑麦棒）

200克老面

搅拌
200克水 · 250克T130黑麦粉 · 5克盖朗德海盐
0.8克新鲜酵母 · 80克士麦纳葡萄干

老面（提前1天）

- 准备好老面，放入冰箱冷藏至隔日使用（详见本书第31页）。

搅拌（制作当天）

- 往面缸里倒入水，接着加入切成小块的老面、黑麦粉、盖朗德海盐和新鲜酵母。以慢速搅拌4分钟，随后转为中速继续搅拌4分钟。最后以慢速加入葡萄干，直至果干完全被裹入面团内。搅拌完成时的面团温度为25～27℃。

基础发酵

- 将面团置于工作台面上，盖上湿的厨房巾，在室温下发酵15分钟。

分割和整形

- 在工作台面上撒上面粉，将面团擀压成一块长18厘米、宽12厘米的长方形，厚度为1.5厘米。切割出6根宽3厘米、重约120克的棒状，放在预先铺有烘焙油纸的烤盘上，带有面粉的那面朝上。

最终发酵

- 盖上湿的厨房巾，在室温下发酵45分钟。

烘烤

- 平炉预热至260℃。烤箱中层放一个长38厘米、宽30厘米的烤盘。
- 取出加热好的烤盘，放在烤架上，然后将黑麦棒连烘焙油纸一起滑到加热好的烤盘上。为了不烤焦葡萄干，烘烤时长请不要超过20分钟。出炉后，将黑麦棒放在烤架上冷却。

玫瑰果仁糖黑麦面包

Pain de seigle aux pralines roses

食材：590克维也纳长棍面包的面团 · 150克烘焙用白巧克力豆 · 1/2个青柠檬的皮屑

- 可用160克玫瑰果仁糖代替葡萄干制作此面团。先在室温下发酵45分钟，再放入预先涂抹了黄油的2个模具内，长宽高尺寸分别为：18厘米、5.5厘米、5.5厘米。随后盖上湿的厨房巾，在室温下发酵45分钟。
- 平炉预热至220℃。给面包撒上面粉，模具放置于两个叠加的烤盘上。入炉，放在中层，温度降至180℃，烘烤30分钟。出炉后，脱模，将面包放在预先铺好烘焙油纸的烤架上冷却。

博若莱酒和玫瑰干肠面包

Pain au beaujolais et à la rosette

难度： ♡

提前1天　准备： 10分钟 · **发酵：** 30分钟 · **冷藏：** 12小时
制作当天　准备： 12分钟 · **发酵：** 2小时50分钟 · **烘烤：** 20～25分钟 · **基础温度：** 58℃

食材（可制作2个面包）

100克老面

搅拌

500克传统法式面粉 · 7克盐 · 10克新鲜酵母 · 180克博若莱酒 · 120克水
200克切成薄片的玫瑰干肠

用在最后工序里的面粉

老面（提前1天）

- 准备好老面，放入冰箱冷藏至隔日使用（详见本书第31页）。

搅拌（制作当天）

- 在面缸里放入面粉、盐、新鲜酵母、切成小块的老面、博若莱酒和水。以慢速搅拌7分钟，随后转为中速继续搅拌4分钟。最后以慢速加入玫瑰干肠，搅拌1分钟直至干肠散开成丝，与面团混合均匀。搅拌完成时的面团温度为23℃。

基础发酵

- 盖上厨房巾，在室温下发酵30分钟。进行一轮翻面，继续在室温下发酵1小时。

分割和整形

- 将面团分割成2份生坯，每份重约550克。先滚圆，再静置松弛20分钟。
- 最后整形为长棍状（详见本书第42～43页）。取割刀沿面包短边割出3道口子，接着在面粉里滚一圈，放置在撒有少许面粉的发酵布上，接口处朝下。

最终发酵

- 在室温下发酵1小时。

烘烤

- 平炉预热至240℃。烤箱中层放一个长38厘米、宽30厘米的烤盘。
- 取出加热好的烤盘，放在烤架上。借助转移板将生坯小心移置于烤盘上，入炉，喷射蒸汽（详见本书第50页），烘烤20～25分钟。
- 出炉后，放在烤架上排湿和冷却。

无麸质谷物面包

Pain sans gluten aux graines

难度：

这款面包需要提前4天制作鲁邦种，来达到足够的酸度和力度。

鲁邦种的准备： 4天

提前1天（第四天） 烘烤： 10分钟

制作当天（第五天） 准备： 7分钟 · **发酵：** 1小时30分钟～1小时45分钟 · **烘烤：** 50分钟 · **基础温度：** 60℃

食材（可制作3个面包）

栗子粉鲁邦种

80克栗子粉 · 160克水

烘焙混合谷物

25克黑芝麻碎 · 25克金芝麻碎 · 25克黄金亚麻籽 · 60克水

搅拌

10克新鲜酵母 · 500克水 · 300克大米粉 · 200克栗子粉 · 12克盐 · 15克黄原胶 · 240克栗子粉鲁邦种

装饰

15克黑芝麻碎 · 15克金芝麻碎 · 15克黄金亚麻籽

一份美味的鲁邦种面包

鲁邦种对于无麸质面包的制作非常重要，发酵的时间也是如此，因为面包风味的好坏直接取决于后者。此配方里的黄原胶能吸收水分，使面团质地更为黏稠，部分弥补了无麸质所导致的面筋缺失问题。

栗子粉鲁邦种（第一天到第四天）

- **第一天。**在碗里用刮刀混合20克栗子粉和40克28℃的水。盖上保鲜膜，在室温下放置过夜。
- **第二天。**在第一天所制成的混合物中加入20克栗子粉和40克28℃的水。搅匀，盖上保鲜膜，在室温下放置过夜（图1）。
- **第三天。**在第二天所制成的混合物中加入20克栗子粉和40克28℃的水。搅匀，盖上保鲜膜，在室温下放置过夜。
- **第四天。**在第三天所得的混合物中加入20克栗子粉和40克28℃的水。搅匀，盖上保鲜膜，在室温下放置过夜。

烘焙混合谷物（第四天）

- 平炉预热至180℃。将黑芝麻碎、金芝麻碎、黄金亚麻籽铺在一个长38厘米、宽30厘米的烤盘上，入炉烘烤10分钟。烤至第5分钟时，将烤盘取出，换个方向，重新放入烤箱，使谷物受热更为均匀。出炉后，立刻将谷物倒入水中（图2），放入冰箱冷藏过夜。

搅拌（第五天）

- 厨师机装上桨叶，在面缸里放入新鲜酵母、水、大米粉、栗子粉、盐、黄原胶、240克栗子粉鲁邦种，以及加了水的烘焙混合谷物（图3）。以慢速搅拌5分钟，随后转为快速继续搅拌2分钟。

基础发酵

- 面缸盖上保鲜膜，在室温下发酵45分钟。

整形

- 将烘焙油纸剪裁成合适的尺寸，垫在3个长18厘米、宽8厘米、高7厘米的模具内（图4）。每个模具装入1/3的面团，用打湿了的勺子背将每一份面团抹至同样的高度（图5）。

最终发酵

- 在室温下发酵45分钟至1小时。

烘烤

- 平炉预热至210℃。
- 取一个小碗，混合所有装饰用的谷物。用刷子在面团表面轻柔地刷一层水，然后撒上这些混合谷物（图6）。入炉，模具放在中层，喷射蒸汽（详见本书第50页），先用210℃烘烤20分钟，再降至180℃烘烤30分钟。
- 出炉后，脱模，放在烤架上排湿和冷却。

1
2
3
4
5
6

山羊奶酪、杏干、南瓜子和迷迭香面包棒

Barres aux épinards，chèvre，abricots secs，graines de courge et romarin

难度： ♔

准备： 10分钟 · **发酵：** 1小时35分钟 · **烘烤：** 15分钟

食材（可制作10根面包棒）

250克T45面粉 · 150克洗净并去茎的菠菜苗 · 5克盐
10克糖 · 10克新鲜酵母 · 约50克水 · 30克黄油

内馅

130克新鲜山羊奶酪 · 60克切成小块的杏干 · 1克切碎的迷迭香

最后工序

1个全蛋+1个蛋黄（搅打均匀）· 烘烤过的南瓜子 · 橄榄油

搅拌

在面缸里放入面粉、菠菜苗、盐、糖和新鲜酵母。一点点加水，以慢速搅拌4分钟，至面团成形且质地匀称。随后转快速继续搅打，直至得到具有弹性的面团。加入黄油，重新以快速搅拌面团，使黄油完全被吸收，面团始终具备弹性。

基础发酵

- 盖上湿的厨房巾，在室温下发酵45分钟。

分割和整形

- 面团分割成2份生坯，预整形为椭圆状。盖上湿的厨房巾，静置松弛20分钟。
- 用擀面杖将这2份生坯擀压成长32厘米、宽20厘米的长方形。润湿边缘，在其中一份的表面涂抹山羊奶酪，撒上杏干和迷迭香，再叠上第二份生坯。放在一个长38厘米、宽30厘米的烤盘上，并预先铺好烘焙油纸。盖上保鲜膜，放入冰箱冷冻直至生坯质地变硬，便于之后切割成棒状。
- 将生坯切割成数根长18厘米、宽3厘米的棒状，放在长38厘米、宽30厘米的烤盘上。

最终发酵

- 在25℃的发酵箱里发酵30分钟（详见本书第54页）。

烘烤

- 风炉预热至155℃。面包棒表面刷一层蛋液上色，撒上南瓜子。入炉，温度降至140℃，烘烤15分钟。
- 出炉后，放在烤架上，刷上橄榄油。

自助餐特色小面包

Petits pains spécial buffet

难度： ♔

准备： 12分钟 · **发酵：** 1小时30分钟～2小时 · **冷藏：** 1小时 · **冷冻：** 1小时～1小时30分钟
烘烤： 10～15分钟 · **基础温度：**（菠菜小面包）：56℃

食材（可制作牛奶面包面团）

1千克T45精细白面粉 · 650克牛奶 · 18克盐
40克糖 · 30克新鲜酵母 · 250克冷黄油

给所有小面包上色的蛋液

2个全蛋+2个蛋黄（搅打均匀）

食材（可制作12个莫尔内沙拉酱小面包）

480克牛奶面包面团 · 360克莫尔内沙拉酱

莫尔内沙拉酱

24克黄油 · 32克T55面粉 · 242克冷牛奶
14克蛋黄液 · 48克奶酪碎 · 盐 · 黑胡椒
埃斯普雷特辣椒粉

橄榄油 · 埃斯普雷特辣椒粉

食材（可制作10个海草小面包）

400克牛奶面包面团 · 50克海草黄油

食材（可制作12个墨鱼汁小圆面包）

475克牛奶面包面团 · 25克墨鱼汁

金芝麻碎

食材（可制作10个焦糖榛子和核桃姜黄小面包）

550克牛奶面包面团 · 6克姜黄

焦糖榛子和核桃

40克糖 · 10克水 · 40克核桃 · 40克榛子
10克黄油

10个榛子 · 用于涂抹模具的软化黄油

食材（可制作12个菠菜小圆面包）

250克T45面粉 · 150克洗净并去茎的菠菜苗
5克盐 · 10克糖 · 10克新鲜酵母 · 30克黄油
25克水（根据菠菜的含水量而调整）

黑芝麻碎

主厨小贴士： 牛奶面包面团搅打完毕后，可放入一个大号容器内，置于冰箱冷藏24小时。这样可以使面团增加强度，其香气也有充足的时间孕育释放。

牛奶面包面团

- 在面缸里放入面粉、牛奶、盐、糖、新鲜酵母和冷黄油。以慢速搅拌4分钟，随后转为中速继续搅拌8分钟。
- 从面缸里取出面团，放在工作台面上，盖上湿的厨房巾。

莫尔内沙拉酱小面包

- 制作莫尔内沙拉酱：在锅里融化黄油，加入面粉，不停搅拌，以小火烹煮几分钟。倒入冷牛奶，用蛋抽搅拌煮至微沸。离火，加入蛋黄液、奶酪碎、盐、黑胡椒和埃斯普雷特辣椒粉，并混合均匀。将莫尔内沙拉酱填充进直径为4厘米的夹心硅胶模具内，每份30克（图1），最后放入冰箱冷冻至变硬（约1小时）。
- 将480克牛奶面包面团分割成12份生坯，每份重约40克。滚圆，放在长38厘米、宽30厘米的烤盘上，并预先铺好烘焙油纸。盖上保鲜膜，放入冰箱冷藏1小时。
- 取出滚圆的生坯，用擀面杖擀压成直径为8厘米的圆片。在中心位置放入冷冻的莫尔内沙拉酱夹心，然后提起面皮四周，捏紧收口（图2）。将生坯翻转，放在两个烤盘上。刷一层上色的蛋液，在25℃的发酵箱里发酵1小时30分钟（详见图54）。
- 平炉预热至200℃，在烤盘的四角各放一块高3厘米的垫块，并盖上一张烘焙油纸以及另一个烤盘（图3）。入炉烘烤8分钟后，移开上方的烤盘和烘焙油纸，重新入炉，继续烘烤3～4分钟。
- 出炉后，在面包表面刷上橄榄油，并撒上埃斯普雷特辣椒粉。放在烤架上排湿和冷却。

海草小面包

- 称出10份海草黄油，每份重5克。将每一份卷成4厘米长的条状，盖上保鲜膜，放入冰箱冷冻至变硬（约20分钟）。
- 将400克牛奶面包面团分割成10份生坯，每份重约40克。滚圆（图4），放在一个长38厘米、宽30厘米的烤盘上，并预先铺好烘焙油纸。刷一层上色的蛋液，在25℃的发酵箱里发酵45分钟至1小时（详见本书第54页）。
- 将生坯连着烘焙油纸滑至工作台面上。取一个直径为1.5厘米的小擀面杖，蘸上水，轻压球状生坯的中部（图5），再小心抽出。接着刷第二层蛋液，在中空处放上海草黄油条（图6），最后将生坯连着烘焙油纸滑到烤盘上。
- 平炉预热至160℃。烤盘放在中层，烘烤10分钟。出炉后，将这些小面包放在烤架上排湿和冷却。

1
2
3
4
5
6

墨鱼汁小圆面包

- 厨师机装上桨叶，放入475克牛奶面包面团，然后加入墨鱼汁，以慢速搅拌至面团颜色均匀。从面缸里取出面团，进行一轮翻面。盖上厨房巾，在室温下发酵30～40分钟。
- 将面团分割成12份生坯，每份重约40克。滚圆（图1），放在一个长38厘米、宽30厘米的烤盘上，并预先铺好烘焙油纸。刷一层上色的蛋液并撒上金芝麻碎（图2）。在25～28℃的发酵箱里发酵1小时（详见本书第54页）。
- 平炉预热至145℃。烤盘放在中层，烘烤12分钟。出炉后，将这些小面包放在烤架排湿和冷却。

焦糖榛子和核桃姜黄小面包

- 制作焦糖榛子和核桃。在小锅里放入糖和水，煮至琥珀色。加进榛子和核桃，用硅胶刮刀不停搅拌，直至这些坚果被焦糖完全裹住。加入黄油继续搅拌，随后倒在烘焙油纸上。将榛子和核桃分开，待其冷却。最后用一把大号刀具，粗粗切碎。
- 厨师机装上搅钩，放入550克牛奶面包面团，然后加入姜黄、焦糖榛子和核桃（图3）。以慢速搅拌至面团质地均匀。从面缸里取出面团，进行一轮翻面，盖上厨房巾，在室温下发酵30分钟。
- 将面团分割成10份生坯，每份重约60克。滚圆，填入直径为6厘米、高4.5厘米的慕斯圈里，内圈预先涂抹黄油，并贴上烘焙油纸，高度超出模具1厘米。为生坯刷一层上色的蛋液，然后放在一个长38厘米、宽30厘米的烤盘上，并预先铺好烘焙油纸。在25℃的发酵箱里发酵1小时30分钟（详见本书第54页）。
- 平炉预热至145℃，用剪刀在每份生坯的顶部剪出1个十字（图4），并塞进一个榛子。入炉，烤盘放在中层，烘烤12～15分钟。出炉后，将这些小面包放在烤架上排湿和冷却。

菠菜小圆面包

- 在面缸里放入面粉、菠菜苗、盐、糖、新鲜酵母、黄油和水（图5）。以慢速搅拌4分钟，随后转为中速继续搅拌8分钟。从面缸里取出面团，进行一轮翻面，然后盖上湿的厨房巾，在室温下发酵30～40分钟。
- 将面团分割成10～12份生坯，每份重约40克。滚圆，放在一个长38厘米、宽30厘米的烤盘上，并预先铺好烘焙油纸。刷一层上色的蛋液并撒上黑芝麻碎（图6）。在25～28℃的发酵箱里发酵1小时（详见本书第54页）。
- 平炉预热至145℃，烘烤12分钟。出炉后，将这些小面包放在烤架上排湿和冷却。

1
2
3
4
5
6

地区面包

黑麦圆面包

Tourte de seigle

奥弗涅（Auvergne）

难度：

这款面包需要提前4天制作一份鲁邦液种和一份黑麦鲁邦硬种。

提前1天　准备： 3～4分钟 · **发酵：** 2小时 · **冷藏：** 12小时

制作当天　准备： 6～7分钟 · **发酵：** 2小时30分 · **烘烤：** 40分钟

食材（可制作一个圆面包）

续养黑麦鲁邦硬种

150克黑麦鲁邦硬种

500克T170黑麦粉 · 300克40℃的水

奥弗涅黑麦鲁邦种

220克鲁邦液种

50克约80℃的水 · 65克T170黑麦粉

搅拌

190克70℃的水 · 190克T130黑麦粉 · 7克盖朗德海盐

用于藤篮的面粉

鲁邦液种和黑麦鲁邦硬种（提前4天制作）

- 准备好鲁邦种（详见本书第33，34页）。

续养黑麦鲁邦硬种（提前1天）

- 搅拌机装上桨叶，面缸里放入黑麦粉、150克黑麦鲁邦硬种和水（图1）。以慢速搅拌3～4分钟，将面团滚圆，盖上保鲜膜，在室温下发酵2小时，然后放入冰箱冷藏过夜。

奥弗涅黑麦鲁邦种（制作当天）

- 面缸里放入水、220克鲁邦液种、220克切成小块的续养过的黑麦鲁邦硬种和黑麦粉（图2），以慢速搅拌4分钟。面团盖上保鲜膜，在室温下发酵1小时。

搅拌

- 在面缸里加入热水、黑麦粉和盖朗德海盐（图3）。以中速搅拌2～3分钟。搅拌完成时的面团温度为30～35℃（图4）。

基础发酵

- 留在面缸内，盖上面团，在室温下发酵1小时15分钟。

整形

- 将面团放入一个预先撒好面粉，直径为24厘米的藤篮内（图5）。

最终发酵

- 在室温下发酵15分钟（图6）。

烘烤

- 平炉预热至260℃。烤箱中层放一个长38厘米、宽30厘米的烤盘。
- 取出加热好的烤盘，放在烤架上。将藤篮在烘焙油纸上翻转（图7），面团连着烘焙油纸小心滑到加热好的烤盘上。入炉，喷射蒸汽（详见本书第50页）。待蒸汽消散后（约10分钟），关掉烤箱，用余温继续烘烤30分钟。或者等到面团内部温度达到至少98℃（图8、图9），即可出炉。
- 出炉后，放在烤架上排湿和冷却。

1
2
3
4
5
6
7
8
9

布里面包

Pain brié

诺曼底（Normandie）

难度：

提前1天　准备：10分钟 · **发酵：**30分钟 · **冷藏：**12小时

制作当天　准备：11分钟 · **发酵：**2小时5分钟 · **烘烤：**40分钟 · **基础温度：**60℃

食材（可制作2个面包）

350克老面

搅拌

140克水 · 5克新鲜酵母 · 350克T65面粉 · 7克盐 · 10克常温黄油

老面（提前1天）

- 准备好老面，放入冰箱冷藏至隔日使用（详见本书第31页）。

搅拌（制作当天）

- 在面缸里放入水、新鲜酵母、面粉、切成小块的老面、盐和常温黄油。以慢速搅拌10分钟，随后转为中速继续搅拌1分钟。最终成形的面团质地应足够硬和干。

分割

- 将面团分割成2份生坯，每份重约430克，先滚成紧实的球状。

基础发酵

- 生坯盖上厨房巾，在室温下静置松弛5分钟。

整形

- 将生坯整形为长约20厘米的棍状，放在一个预先铺有烘焙油纸的烤盘上。用割刀沿着长边在中间划出1道口子，再均匀地在每一侧划3刀。

最终发酵

- 在25℃的发酵箱里发酵2小时（详见本书第54页）。

烘烤

- 平炉预热至210℃，烤箱中层放一个长38厘米、宽30厘米的烤盘。
- 取出加热好的烤盘，放在烤架上。将生坯连着烘焙油纸小心滑到加热好的烤盘上。入炉，喷射蒸汽（详见本书第49页），烘烤40分钟。如果面包上色过重，可于30分钟后将温度降至200℃。
- 出炉后，放在烤架上排湿和冷却。

洛代夫面包

Pain de Lodève

欧西塔尼（Occitanie）

难度：

这款面包需要提前4天制作鲁邦液种。

提前1天　准备：8分钟 · **发酵：**1小时30分钟 · **冷藏：**12小时

制作当天　发酵：1小时45分钟～2小时 · **烘烤：**20～25分钟 · **基础温度：**56℃

食材（可制作4个面包）

250克鲁邦液种

搅拌

3克新鲜酵母 · 270克水 · 500克传统法式面粉 · 15克盐 · 40克后水

用在最后工序里的面粉

鲁邦液种（提前4天制作）

- 准备好鲁邦液种（详见本书第33页）。

搅拌（提前1天）

- 在面缸里放入新鲜酵母、水、面粉、250克鲁邦液种和盐。以慢速搅拌3分钟，随后转为中速继续搅拌5分钟，在收尾前2分钟加入后水。
- 放入容器内，盖上湿的厨房巾，在室温下发酵1小时30分钟。进行一轮翻面，放入冰箱冷藏过夜。

预整形（制作当天）

- 将面团从底部到中心，顶部到中心，折叠2次，整形为长棍状，随后擀压成长25厘米、宽20厘米的长方形生坯。放在发酵布上，接口处朝下。

基础发酵

- 在室温下发酵1小时，生坯表面撒上面粉。

分割和整形

- 用一把长刀将生坯切割成4块三角形，每块重约260克。将它们翻转，放置在预先铺好发酵布的烤盘上。注意彼此间隔开，不要粘连。

最终发酵

- 盖上厨房巾，在室温下发酵45分钟～1小时。

烘烤

- 平炉预热至230℃，烤箱中层放一个长38厘米、宽30厘米的烤盘。
- 取出加热好的烤盘，放在烤架上。借助转移板将每块三角形生坯小心翻转，移置于烤盘上，随后用割刀在表面划出1道口子。入炉，喷射蒸汽（详见本书第50页），烘烤20～25分钟。
- 出炉后，放在烤架上排湿和冷却。

舒博特面包

Pain Sübrot

阿尔萨斯（Alsace）

难度： ⌂⌂

这款面包需要提前4天制作鲁邦硬种。

准备： 10分钟 · **发酵：** 2小时30分钟 · **烘烤：** 20～30分钟 · **基础温度：** 56℃

食材（可制作2个面包）

100克鲁邦硬种

搅拌

325克传统法式面粉 · 6克盐 · 2克新鲜酵母 · 205克水

葵花籽油

“一分钱”的面包

起源于阿尔萨斯地区，特别是斯特拉斯堡的舒博特面包，旧时有“一分钱面包”的别称。其历史可追溯至1870年（或许更早），在第一次世界大战和第二次世界大战期间，因其便宜的价格而大获成功。它酥脆的外壳和轻盈的内瓤尤为适合在早餐时食用，也可以与此地区的特色肉制品一道享受。

鲁邦硬种（提前4天制作）

- 准备好鲁邦硬种（详见本书第34页）。

搅拌

- 在面缸里放入面粉、鲁邦硬种、盐、新鲜酵母和水。以慢速搅拌5分钟，随后转为快速搅拌5分钟。最终搅好的面团应该具有紧实的质地，面团温度为23～25℃。

基础发酵

- 面团装进容器里，盖上湿的厨房巾，在室温下发酵45分钟。

分割和整形

- 将面团分割成2份生坯，每份重约310克（图1）。稍滚圆，在室温下静置松弛15分钟（图2）。
- 用擀面杖将生坯擀压成2块长15厘米、宽13厘米的长方形（图3）。将其中一块涂上一层薄薄的葵花籽油，随后将第二块叠在上面（图4、图5）。
- 将生坯沿长边切成2块长条，再对半切成2块长7.5厘米、宽6.5厘米的长方形（图6、图7）。将这4块长方形立起来，两两相连摆放在发酵布上，尖端处朝上，呈菱形（图8）。

最终发酵

- 盖上湿的厨房巾，在室温下发酵1小时30分钟。

烘烤

- 平炉预热至250℃。烤箱中层放一个长38厘米、宽30厘米的烤盘。取出加热好的烤盘，放在烤架上。用手将生坯小心转移到烘焙油纸上，再连纸带生坯滑到烤盘上（图9）。入炉，喷射蒸汽（详见本书第50页），烘烤20～30分钟。
- 出炉后，将面包放在烤架上排湿和冷却。

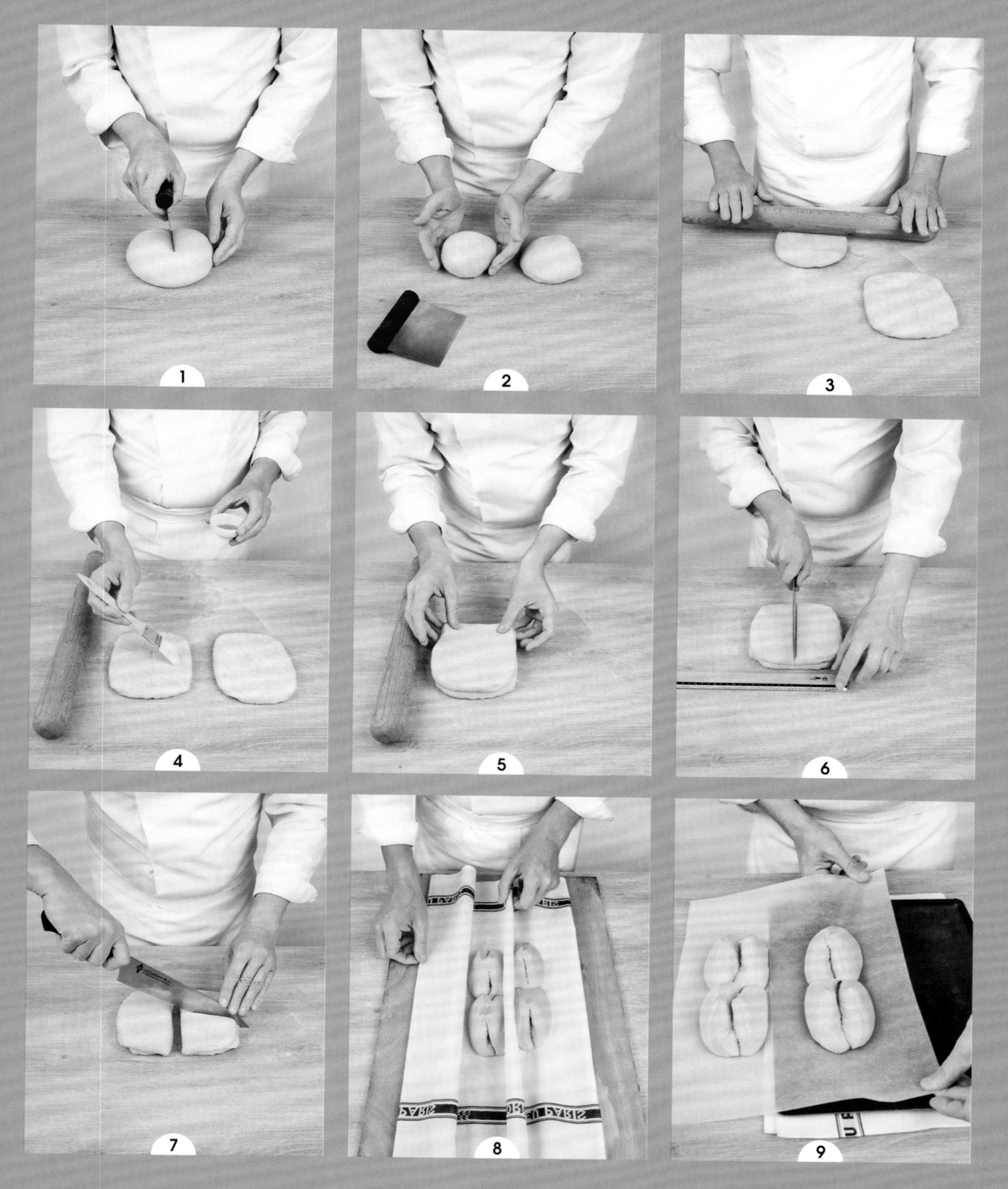
1
2
3
4
5
6
7
8
9

橄榄佛卡斯

Fougasse aux olives

普罗旺斯（Provence）

难度：

准备：13分钟 · **发酵：**2小时40分钟～2小时55分钟 · **烘烤：**20～25分钟 · **基础温度：**54℃

食材（可制作2个佛卡斯）

5克新鲜酵母 · 330克水 · 540克T65面粉

11克盐 · 40克橄榄油（作为后水）

150克切成粗块的卡拉马塔橄榄

用在最后工序里的橄榄油

搅拌

- 在面缸里放入新鲜酵母、水、面粉和盐。以慢速搅拌5分钟，随后转为中速继续搅拌8分钟。最后将作为后水的橄榄油呈细线状滴入面团，慢速搅拌至面团成形，且质地均匀。最后加入橄榄，以慢速搅拌至全部裹入面团中。
- 将面团放入预先用橄榄油涂抹了内壁的容器内。

基础发酵

- 盖上湿的厨房巾，在室温下发酵1小时。进行一轮翻面，重新盖上湿的厨房巾，在室温下静置松弛1小时。

分割和整形

- 将面团分割成2份生坯，每份重约530克。每份生坯再预整形为椭圆状，注意不要收太紧。盖上厨房巾，在室温下静置松弛10分钟。
- 用手或擀面杖将生坯擀压成长25厘米、宽18厘米的长方形（图1），放在两个尺寸为长38厘米、宽30厘米的烤盘上，并预先铺好烘焙油纸。
- 用切面板割出7条缝，制作出佛卡斯独有的叶片形状（图2）。然后用手小心地将这些裂缝扯开，防止裂缝在烘烤中合拢（图3）。

最终发酵

- 盖上厨房巾，在室温下发酵30～45分钟。

烘烤

- 平炉预热至230℃。将两个烤盘入炉，喷射蒸汽（详见本书第50页），烘烤20～25分钟。
- 出炉后，将佛卡斯置于烤架上，刷上橄榄油。

1

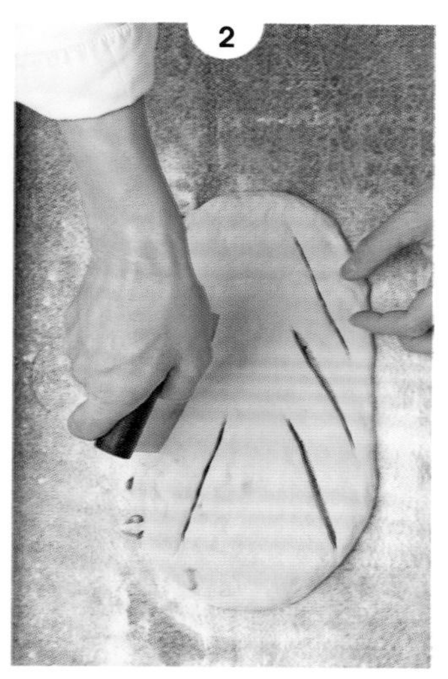
2

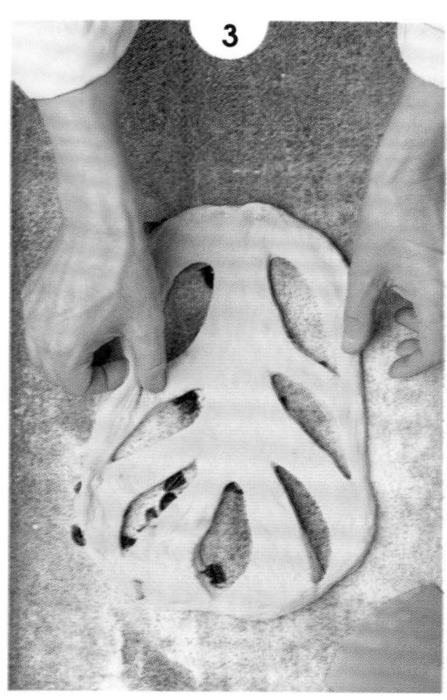
3

博凯尔面包

Pain de Beaucaire

欧西塔尼（Occitanie）

难度：

这款面包需要提前4天制作鲁邦硬种。

准备： 15分钟 · **发酵：** 3小时35分钟 · **烘烤：** 20～25分钟 · **基础温度：** 58℃

食材（可制作3个面包）

100克鲁邦硬种

搅拌

250克传统法式面粉 · 0.5克新鲜酵母 · 5克盐 · 165克水

水粉浆液

125克水 · 25克T55面粉

古早美味面包

这款具有标志性漂亮裂纹的小面包，被视作法国最美味的面包之一。传统上，以产自奥弗涅大区（Auvergne）的利马涅平原（la plaine de Limagne）的优质软小麦粉制作而成，这些地区尤以土壤肥沃而闻名。博凯尔面包含有极高比例的鲁邦种，并以充满气孔的内瓤和纤细的外壳和其他面包区别开来。

鲁邦硬种（提前4天制作）

- 准备好鲁邦硬种（详见本书第34页）。

搅拌

- 在面缸里放入面粉、新鲜酵母、盐、水和切成小块的100克鲁邦硬种（图1）。以慢速搅拌15分钟，搅拌完成时的面团温度为25℃（图2）。

基础发酵

- 盖上湿的厨房巾，在室温下发酵 20分钟。

水粉浆液

- 在小碗里混合水和面粉，制成“胶水”（图3）。

分割和整形

- 用手压平生坯，预整形为1块长30厘米、宽 18厘米的长方形（图4）。在室温下静置松弛20分钟。
- 进行一轮3折（详见本书第206页）（图5），再静置松弛30分钟。
- 用擀面杖将生坯擀压成一块长22厘米、宽17厘米、厚2.5厘米的长方形。再取一把刷子，在生坯表面刷上“胶水”（图6），静置松弛10分钟。
- 将生坯对半切成两份长11厘米、宽17厘米的长方形（图7），将两块生坯重合叠在一起，静置松弛至少15分钟。
- 用切面板或长刀，再次将生坯分割成3块，每块长11厘米、宽5.5厘米、重约170克（图8）。将它们竖立摆放在预先撒好面粉的发酵布折缝里（图9），并将折缝折至足够的高度，使生坯不会散开。

最终发酵

- 盖上厨房巾，在室温下发酵2小时。

烘烤

- 平炉预热至260℃。烤箱中层放一个长38厘米、宽30厘米的烤盘。
- 取出加热好的烤盘，放在烤架上。借助转移板将生坯小心移置于烤盘上，入炉，喷射蒸汽（详见本书第50页），烘烤20～25分钟。
- 出炉后，放在烤架上排湿和冷却。

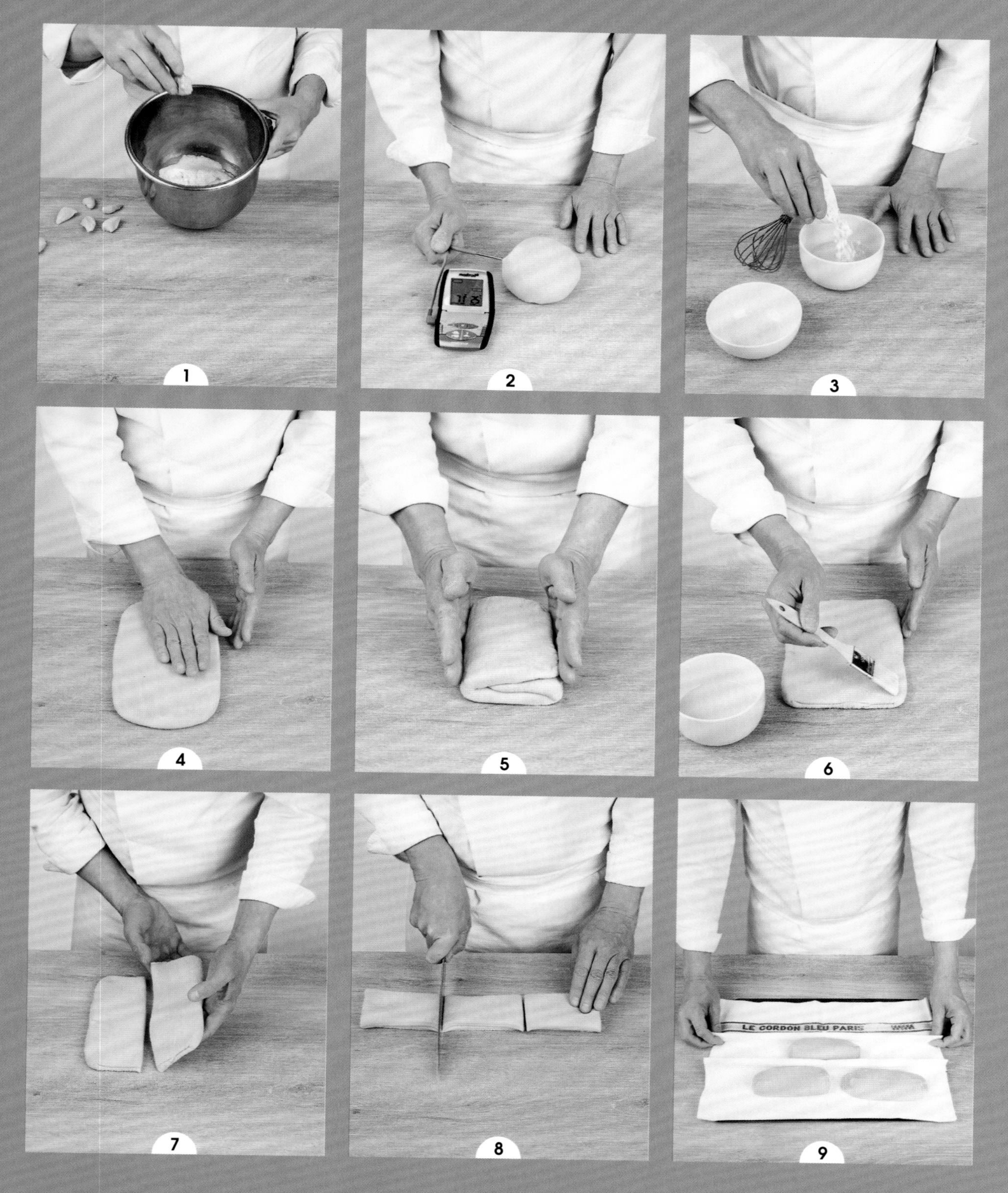
1
2
3
4
5
6
7
8
9
LE CORDON BLEU PARIS

尼斯之掌

Main de Nice

普罗旺斯（Provence）

难度： ♧♧

提前2天　准备： 10分钟 · **发酵：** 30分钟 · **冷藏：** 12小时

提前1天　准备： 8分钟 · **发酵：** 30分钟 · **冷藏：** 12小时

制作当天　发酵： 1小时 · **烘烤：** 20分钟 · **基础温度：** 54℃

食材（可制作2个面包）

50克老面

搅拌

330克传统法式面粉 · 185克水 · 6克盐 · 3克新鲜酵母 · 26克橄榄油

一款声名鹊起的地区面包

1952年，著名摄影师罗伯特·杜瓦诺为巴勃罗·毕加索拍下了一张经典人物照，在这张黑白照片里，毕加索身着最爱的海魂衫，坐在餐桌前，碟子两侧各摆放有1个尼斯之掌面包，粗粗一看，好像是他本人的巨掌，十分有趣。这款状似4根手指的尼斯之掌也由此变得声名大噪。

主厨小贴士： 为了擀出足有1米长，且十分纤细的面皮，请将操作分散成数次，避免撕裂。也请在工作台上撒上足够多的面粉，防止粘连。最后在卷成手指时，请用刷子刷掉多余的面粉。

老面（提前2天）

- 准备好老面，放入冰箱冷藏至隔日使用（详见本书第31页）。

搅拌（提前1天）

- 在面缸里放入面粉、水、盐、新鲜酵母、50克切成小块的老面和橄榄油。以慢速搅拌3分钟，随后转为中速继续搅拌5分钟。搅拌完成时的面团温度为23℃。

基础发酵

- 面团装进容器里，盖上厨房巾，在室温下发酵30分钟，随后放入冰箱冷藏过夜。

分割和整形（制作当天）

- 操作前30分钟将面团从冷藏里取出。分割成2份生坯，每份重约300克。预整形为橄榄状（图1），静置松弛30分钟。
- 用擀面杖将生坯擀压成极其纤薄的条状面皮，长约1米、宽15厘米（图2）。
- 在每条面皮的两端各切一道长度为45厘米左右的口子（图3）。从边缘开始斜卷，形成圆锥状（图4）。
- 一旦4个手指都卷完，将底部的2个手指翻到顶部，并将它们彼此间隔，对外打开，形成手掌的形状（图5）。将2个手掌放在2个长38厘米、宽30厘米的烤盘上，并预先铺好烘焙油纸（图6）。

最终发酵

- 盖上湿的厨房巾，在室温下发酵1小时。

烘烤

- 平炉预热至250℃。入炉，烤盘放在中层，喷射蒸汽（详见本书第50页），烘烤20分钟。
- 出炉后，将面包放在烤架上排湿和冷却。

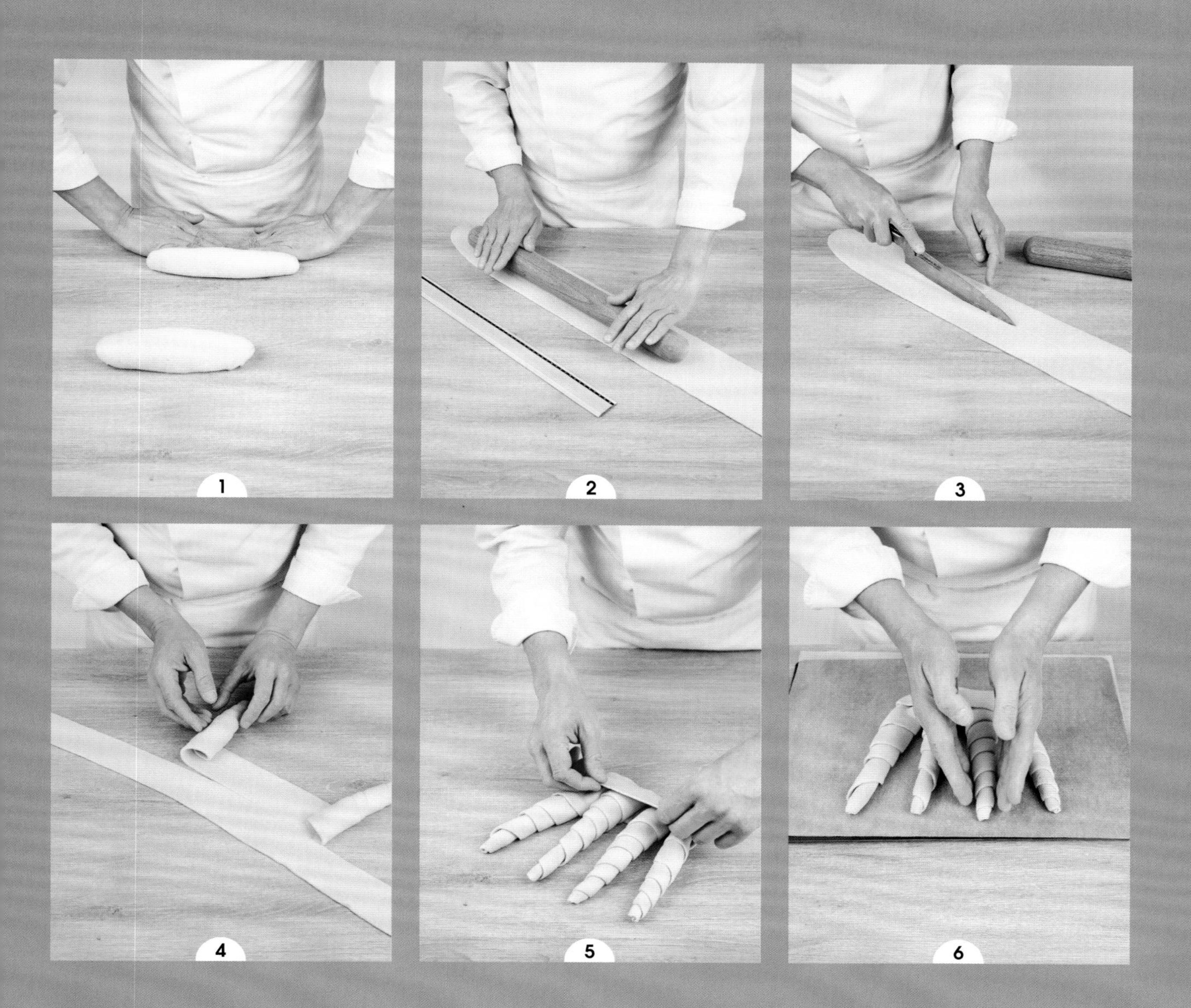
1
2
3
4
5
6

世界各地的面包

佛卡夏

Focaccia

意大利

难度： ♔

提前1天　准备： 10分钟 · **发酵：** 30分钟 · **冷藏：** 12小时

制作当天　准备： 8分钟 · **发酵：** 2小时15分钟 · **烘烤：** 20～25分钟 · **基础温度：** 54℃

食材（可制作1个佛卡夏）

100克老面

搅拌

425克T55面粉 · 350克水 · 75克土豆泥粉[1] · 10克盐

7.5克新鲜酵母 · 5克普罗旺斯香草 · 100克橄榄油（作为后水）

装饰

橄榄油 · 盐之花[2] · 迷迭香枝尖

老面（提前1天）

- 准备好老面，放入冰箱冷藏至隔日使用（详见本书第31页）。

搅拌（制作当天）

- 在面缸里放入面粉、水、切成小块的老面、土豆泥粉、盐、新鲜酵母和普罗旺斯香草。以慢速搅拌4分钟，随后转为中速继续搅拌4分钟。再以慢速将橄榄油呈细线状缓慢滴入面团，最后以中速收尾搅拌，直至面团不粘缸壁。搅拌完成时的面团温度为25℃。

基础发酵

- 从面缸里取出面团，放入预先涂有橄榄油的容器内。盖上盖子，发酵20分钟。进行一轮翻面，继续发酵40分钟。再进行一轮翻面，发酵30分钟。

整形

- 在一个长38厘米、宽28厘米的烤盘内铺好烘焙油纸，填入面团。用手压平，铺满整个容器。

最终发酵

- 在室温下发酵45分钟。

烘烤

- 平炉预热至240℃。用手指插进面团，戳出孔洞，并填入橄榄油。入炉，将烤盘放在中层，喷射蒸汽（详见本书第50页），烘烤20～25分钟。
- 出炉后，从烤盘里取出佛卡夏面包，放在烤架上排湿和冷却。最后涂上橄榄油，撒上盐之花，并插上一些小小的迷迭香枝尖。

---

[1] 呈粉末状，是土豆烹饪熟透后，经过干燥制成。可快速制作即食土豆泥。

[2] 盐之花是盐沼地表面那一层薄薄的晶体。较普通海盐味道更为温和、复杂，常用于高级菜品和甜点的调味及点缀。

恰巴塔

Ciabatta

意大利

难度： ♔

提前1天　准备：10分钟 · **发酵：**30分钟 · **冷藏：**12小时

制作当天　准备：10分钟 · **发酵：**2小时45分钟 · **烘烤：**20～25分钟 · **基础温度：**54℃

食材（可制作3个恰巴塔）

100克老面

搅拌

500克T45精细白面粉 · 12.5克盐 · 8克新鲜酵母 · 375克水
40克橄榄油 · 75克后水

最后工序

橄榄油 · 面粉 · 细小麦粒粉

老面（提前1天）

- 准备好老面，放入冰箱冷藏至隔日使用（详见本书第31页）。

搅拌（制作当天）

- 在面缸里放入面粉、盐、新鲜酵母、切成小块的老面和水。以慢速搅拌4分钟，随后转为中速继续搅拌4分钟。
- 再以慢速将橄榄油呈细线状缓慢滴入面团，最后以中速收尾。加入后水直至面团不粘缸壁。搅拌完成时的面团温度为25℃。

基础发酵

- 从面缸里取出面团，放入预先涂有橄榄油的容器内。盖上盖子，发酵20分钟。进行一轮翻面，继续发酵40分钟。再进行一轮翻面，发酵1小时。

分割和整形

- 在工作台面上撒上面粉，用手压平面团，再用一把长刀，切割出3份生坯，每份重约370克。准备一条厨房巾，撒上面粉和细小麦粒粉的混合物，然后将生坯翻转，放置其上。

最终发酵

- 盖上湿的厨房巾，在室温下发酵45分钟。

烘烤

- 平炉预热至240℃。烤箱中层放一个长38厘米、宽30厘米的烤盘。
- 取出加热好的烤盘，放在烤架上。借助转移板将生坯小心翻转，移置于烤盘上。入炉，喷射蒸汽（详见本书第50页），烘烤20～25分钟。
- 出炉后，将恰巴塔放在烤架上排湿和冷却。

土耳其薄饼

Ekmek

土耳其

难度： ♔

准备： 11分钟 · **发酵：** 2小时～2小时15分钟 · **烘烤：** 30～40分钟 · **基础温度：** 65℃

食材（可制作1个土耳其薄饼）

3克新鲜酵母 · 5克糖 · 125克水 · 175克T65面粉
4克泡打粉 · 35克白奶酪 · 3克盐 · 75克T130黑麦粉

装饰

面粉 · 橄榄油 · 金芝麻碎

搅拌

- 在面缸里放入新鲜酵母、糖、水、面粉、泡打粉、白奶酪、盐和黑麦粉。以慢速搅拌4分钟，随后转为中速继续搅拌7分钟，直至面团成形且质地光滑，具有弹性。

基础发酵

- 在工作台面上，将面团滚圆。表面撒上少许面粉，盖上干的厨房巾，在室温下发酵45分钟。

整形

- 将生坯预整形为长棍状（详见本书第42～43页）。再用擀面杖擀压成厚度为1.5厘米的椭圆形。刷上橄榄油，表面撒上金芝麻碎。放在一个长38厘米、宽30厘米的烤盘上，并预先铺好烘焙油纸。最后用切面板割出5条缝。

最终发酵

- 在25℃的发酵箱里发酵1小时15分钟～1小时30分钟（详见本书第54页）。

烘烤

- 平炉预热至220℃。入炉，烤盘放置在中层，烘烤30～40分钟。
- 出炉后，将土耳其薄饼放在烤架上排湿和冷却。

皮塔饼

Pita

中东和东南欧地区

难度： ♔

这款面包需要提前4天制作鲁邦液种。

准备： 8～10分钟 · **发酵：** 3小时15分钟～4小时 · **烘烤：** 3～4分钟

食材（可制作8个皮塔饼）

75克鲁邦液种

搅拌

500克T55面粉 · 10克盐 · 4克新鲜酵母 · 10克橄榄油 · 300克水

鲁邦液种（提前4天制作）

- 准备好一份鲁邦液种（详见本书第33页）。

搅拌

- 在面缸里放入面粉、盐、新鲜酵母、鲁邦液种、橄榄油和水。以慢速搅拌2～3分钟，随后转为中速继续搅拌6～7分钟。

基础发酵

- 面团滚圆，盖上湿的厨房巾，在室温下发酵2小时30分钟～3小时。

分割和整形

- 将面团分割成8份生坯，每份重约110克。再依次预整形为紧实的球状。

最终发酵

- 盖上湿的厨房巾，在室温下发酵45分钟～1小时。

烘烤

- 平炉预热至270℃。放入2个长38厘米、宽30厘米的烤盘。
- 用擀面杖将每份球状生坯擀压成直径约为14厘米的圆片。
- 依次取出加热好的烤盘，放在烤架上。再借助于转移板，将圆片滑到烤盘上，入炉烘烤3～4分钟。
- 出炉后，将皮塔饼放在两块厨房巾之间冷却。

摩洛哥口袋饼

Batbout

摩洛哥

难度：

准备： 11分钟 · **发酵：** 1小时55分钟～2小时25分钟 · **烘烤：** 5分钟 · **基础温度：** 65℃

食材（可制作12个摩洛哥口袋饼）

320克水 · 7克新鲜酵母 · 30克糖 · 400克T55面粉 · 50克T150全麦粉
50克硬小麦粒粉 · 10克盐 · 50克橄榄油（作为后水）

搅拌

- 在面缸里放入水、新鲜酵母、糖、两种面粉、硬小麦粒粉和盐。以慢速搅拌4分钟，随后转为中速继续搅拌7分钟，直至面团呈光滑状且具备弹性。最后2分钟加入作为后水的橄榄油。搅好的面团应该质地足够柔软，但不粘连。

基础发酵

- 盖上厨房巾，在室温下发酵45分钟。

分割和整形

- 将面团分割成12份生坯，每份重约70克。先滚成光滑的球状，放在预先撒有少许面粉的台面上，盖上厨房巾，静置松弛约10分钟。
- 再用擀面杖将球状生坯擀压成直径为11厘米的圆片。放在一块干的厨房巾上，并盖住。

最终发酵

- 发酵1小时～1小时30分钟。

烘烤

- 加热1个铁铸平底锅或者用中火加热1个烤盘，将口袋饼分批进行烤制，多次翻面直至两面都呈金黄色。注意，口袋饼在烘烤过程里的鼓胀会导致上色的不均匀。
- 烤熟后，将口袋饼放在烤架上冷却。

蒸小包饼

Petits pains bao cuits à la vapeur

越南

这款蒸熟的亚洲小包饼配上腌制猪肉和蔬菜内馅，非常适合用来庆祝中国新年。

难度： 🍳

准备： 20分钟 · **发酵：** 3小时30分钟 · **烹饪：** 8分钟

食材（可制作5个小包饼）

175克T55面粉 · 3克糖 · 3克新鲜酵母 · 少许糖 · 1/3汤匙温水

100克牛奶 · 3克葵花籽油 · 3克米醋 · 2克泡打粉 · 65克水

用于涂抹的葵花籽油

搅拌

- 在碗里混合面粉和糖，用手挖个凹窝。在另一个碗里，用温水化开新鲜酵母和糖，随后倒入井里，并加入牛奶、葵花籽油、米醋、泡打粉和水。借助刮板混合均匀全部材料至面团成形。
- 将面团倒在预先撒有少许面粉的工作台面上，揉搓10～15分钟直至面团变得质地均匀且光滑。放入涂有少许葵花籽油的碗内，再盖上湿的厨房巾。

基础发酵

- 在室温下发酵2小时。

分割和整形

- 用擀面杖将面团擀压至约3厘米厚度，切割成5份生坯，每份重约70克。滚圆，盖上厨房巾，静置松弛2～3分钟。
- 将烘焙油纸剪成5块边长为15厘米的正方形。用擀面杖把生坯擀压成直径约为13厘米的圆片。每块圆片置于一张烘焙油纸上，随后在表面刷上少许葵花籽油。

最终发酵

- 将圆片连烘焙油纸放在烤盘上，盖上厨房巾，在室温下发酵1小时30分钟，直至体积膨胀1倍。

烘烤

- 竹制蒸笼用中高旺火加热，小包饼连烘焙油纸放入，蒸8分钟，至鼓起。
- 将小包饼对半剖开，但底部仍相连，填入喜欢的内馅。

哈拉面包

Challah

东欧犹太人的料理

难度： ♧

准备： 13分钟 · **发酵：** 2小时45分钟 · **烘烤：** 20～25分钟

食材（可制作2个哈拉面包）

400克T55面粉 · 160克水 · 10克新鲜酵母
10克蜂蜜 · 8克盐 · 60克黄油 · 100克全蛋液 · 5克糖

装饰

金芝麻碎 · 黑芝麻碎 · 燕麦片

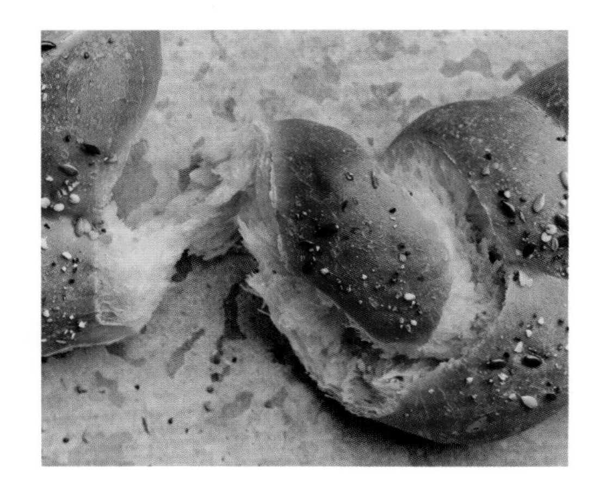

传统编织面包

哈拉是一款呈辫子状的布里欧修面包。依照传统，犹太人于每个礼拜的安息日都会在桌子上摆放两个哈拉，供大家周五晚上和整个周六食用。它也被用于庆祝大部分的犹太节日，而在犹太新年（Rosh Hashana），哈拉会被制成圆形。

搅拌

- 在面缸里放入面粉、水、新鲜酵母、蜂蜜、盐、黄油、全蛋液和糖。以慢速搅拌5分钟，随后转为中速继续搅拌8分钟。搅拌完成时的面团温度为24℃。

基础发酵

- 将面团放进一个大号带盖容器内，在室温下发酵1小时。

分割和整形

- 将面团分割成2份生坯，每份重约370克。每份生坯再预整形为长棍状（详见本书第42～43页），长度约为16厘米，在室温下静置松弛15分钟。
- 用一把长刀，将生坯沿长边切成3股（图1）。用手将每一股从中间位置向两端搓长，直至达到75厘米的长度。
- 将每3股生坯编织成辫子状（图2），再将辫子首尾相接，形成皇冠状。随后放在一个长38厘米、宽30厘米的烤盘上，并预先铺好烘焙油纸。刷上水，撒上提前混合在一起的金芝麻碎、黑芝麻碎和燕麦片（图3、图4）。

最终发酵

- 在21～24℃的发酵箱里发酵1小时30分钟（详见本书第54页）。

烘烤

- 平炉预热至190℃。两个烤盘入炉，温度降至175℃，烘烤20～25分钟。
- 出炉后，将2个哈拉放在2个烤架上排湿和冷却。

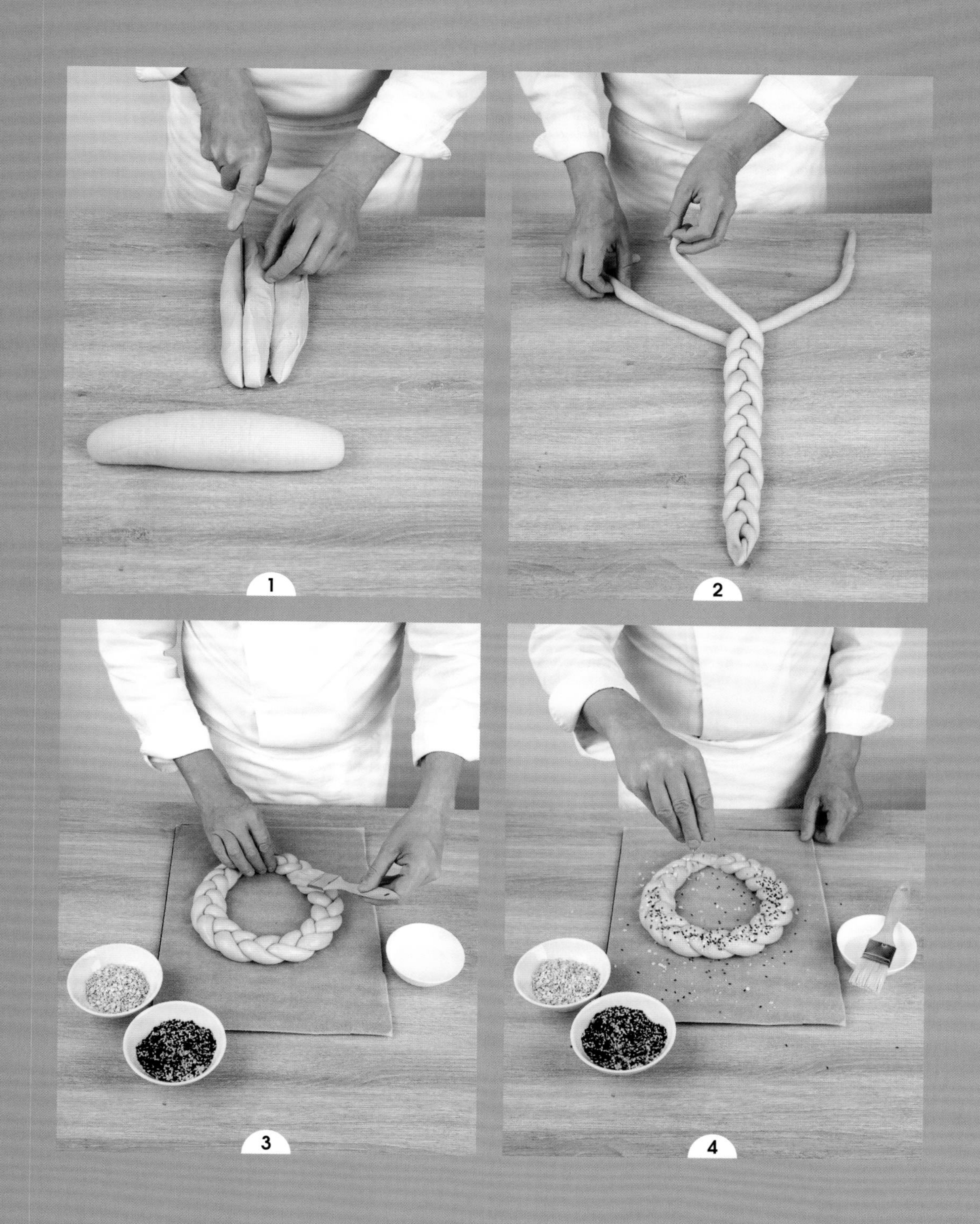
1
2
3
4

德式全谷物面包

Vollkornbrot

德国

难度：

提前1天　准备：5分钟 · **发酵：**12小时
制作当天　烘烤：1小时30分钟 · **基础温度：**70℃

食材（可制作1个面包）

1克新鲜酵母 · 100克水 · 100克T110小斯佩尔特小麦粉 · 10克黑麦粒
8克碾碎的小麦 · 30克黄金亚麻籽 · 60克葵花籽 · 6克金芝麻碎
4克盐 · 4克糖 · 100克乳清 · 50克棕啤

装饰

30克燕麦片

搅拌（提前1天）

- 厨师机装上桨叶，面缸里放入新鲜酵母、水、小麦粉、黑麦粒、碾碎的小麦、黄金亚麻籽、葵花籽、金芝麻碎、盐、糖、乳清和棕啤。以中速搅拌5分钟。盖上面团，在室温下放置过夜。

整形（制作当天）

- 取一个长18厘米、宽8厘米的模具，内部垫上烘焙油纸。倒入面糊，表面撒满燕麦片。

烘烤

- 平炉预热至180℃。入炉，烤盘放在中层，喷射蒸汽（详见本书第50页），烘烤1小时30分钟。
- 出炉后将面包脱模，放在烤架上排湿和冷却。

俄式黑麦面包

Pain Borodinsky

俄罗斯

难度：

鲁邦种的准备： 5天

制作当天（第6天） **准备：** 10分钟 · **发酵：** 6小时 · **烘烤：** 1小时

食材（可制作1个面包）

黑麦鲁邦种

270克T170黑麦粉 · 500克28℃的水

搅拌

100克30℃的水 · 250克T170黑麦粉 · 5克海盐 · 20克黑糖蜜 · 15克麦芽 · 2克香菜籽

装饰

10克香菜籽

黑麦鲁邦种（第1天～第4天）

- **第1天。** 在碗里用刮刀混合30克黑麦粉和50克28℃的水。盖上保鲜膜，在室温下放置过夜。
- **第2天。** 在第1天的混合物中加30克黑麦粉和50克28℃的水。搅匀，盖上保鲜膜，在室温下放置过夜。
- **第3天。** 在第2天的混合物中加30克黑麦粉和50克28℃的水。搅匀，盖上保鲜膜，在室温下放置过夜。
- **第4天。** 在第3天的混合物中加30克黑麦粉和50克28℃的水。搅匀，盖上保鲜膜，在室温下放置过夜

熟成鲁邦种（第5天）

- **第5天。** 从第4天的混合物中取出50克，加进150克黑麦粉和300克28℃的水。以慢速搅拌3分钟，直至得到一份较为液态的面团。盖上保鲜膜，在室温下放置12～18小时。

搅拌（第6天）

- 厨师机装上桨叶，混合水、黑麦粉、海盐、黑糖蜜、麦芽、香菜籽和270克熟成鲁邦种（第5天所得），以慢速搅拌5分钟。
- 从面缸里取出面团，放在打湿的工作台面上，随后手揉几分钟。

整形

- 取一个长18厘米、宽8厘米的模具，内部垫上烘焙油纸，倒入面团。

最终发酵

- 盖上厨房巾，在室温下发酵6小时。轻柔地在面团表面刷上水，撒上香菜籽。

烘烤

- 平炉预热至180℃。入炉，烤盘放在中层，喷射蒸汽（详见本书第50页），烘烤1小时。
- 将面包脱模，放在烤架上排湿和冷却。

玉米面包

Pain de maïs（broa）

葡萄牙

难度： ♢

提前1天　准备： 15分钟 · **冷藏：** 12小时

制作当天　准备： 7～9分钟 · **发酵：** 2小时30分钟～3小时30分钟 · **烘烤：** 20～30分钟 · **基础温度：** 60℃

食材（可制作2个面包）

熟玉米粉

125克粗磨玉米粉 · 125克沸水

100克老面

搅拌

440克T55面粉 · 10克盐 · 3克新鲜酵母

75克混合甜玉米（新鲜或罐头）· 260克水

最后工序

用于涂抹模具的软化黄油 · 粗磨玉米粉

熟玉米粉（提前1天）

- 在碗里用蛋抽将粗磨玉米粉和沸水搅匀。盖上保鲜膜，放入冰箱冷藏过夜。

老面

- 准备好老面，放入冰箱冷藏至隔日使用（详见本书第31页）。

搅拌（制作当天）

- 在面缸里放入熟玉米粉、面粉、盐、新鲜酵母、混合甜玉米、切成小块的老面和水。以慢速搅拌2～3分钟，随后转为中速继续搅拌5～6分钟。

基础发酵

- 将面团滚圆，静置松弛15分钟。再次整形成紧实的球状。盖上湿的厨房巾，在室温下发酵1小时～1小时30分钟。

分割和整形

- 将面团分割成2份生坯，每份重约560克。整形为长约15厘米的长棍状，盖上湿的厨房巾，在室温下静置松弛15分钟。
- 取2个长20厘米、宽8厘米、高8厘米的模具，内壁抹上黄油。将每份生坯再次收紧，搓长至约20厘米。打湿表面，在粗磨玉米粉里滚一圈，放入模具内，接口处朝下。

最终发酵

- 模具盖上湿的厨房巾，在25℃的发酵箱里发酵1小时～1小时30分钟（详见本书第54页）。

烘烤

- 平炉预热至230℃。
- 取割刀在生坯表面划出7道口子，入炉，烤盘放在中层，喷射蒸汽（详见本书第50页），烘烤20～30分钟。
- 出炉后，脱模，将面包放在烤架上排湿和冷却。

轻食

三文鱼贝果佐海草黄油

Bagel au saumon，beurre aux algues

难度：

提前1天　准备：10分钟 · **发酵：**30分钟 · **冷藏：**12小时
制作当天　准备：9～11分钟 · **发酵：**1小时15分钟～1小时30分钟 · **烹饪：**13～16分钟

食材（可制作10个贝果）

100克老面

搅拌
150克牛奶 · 150克水 · 500克T45精细白面粉
10克盐 · 5克新鲜酵母 · 35克黄油

装饰
打散的蛋清 · 金芝麻碎

内馅
60克海草黄油 · 300克烟熏三文鱼片
1个柠檬 · 少许莳萝的枝尖

老面（提前1天）

- 准备好老面，放入冰箱冷藏至隔日使用（详见本书第31页）。

搅拌（制作当天）

- 在面缸里放入牛奶、水、面粉、盐、新鲜酵母、黄油和切成小块的老面。以慢速搅拌2～3分钟，随后转为中速继续搅拌7～8分钟。

基础发酵

- 盖上湿的厨房巾，在室温下发酵15分钟。

分割和整形

- 将面团分割成10份生坯，每份重约95克。每份都整形为长约15厘米的短棍状，然后盖上湿的厨房巾，在室温下静置松弛15分钟。
- 将每条短棍再搓长至25厘米左右。首尾相连，捏成直径约为10厘米的圆环，放在两个预先铺好烘焙油纸的烤盘上。

最终发酵

- 盖上湿的厨房巾，在室温下发酵45分钟～1小时。

烘烤

- 平炉预热至200℃。
- 备一大锅水，小火煮至微沸。用漏勺将贝果放入水中，烹煮约1分钟或者煮至贝果浮出水面。沥干水，放回烤盘。
- 取一把刷子，给贝果涂上蛋清，撒上金芝麻碎，入炉烘烤12～15分钟。
- 出炉后，将贝果放在烤架上排湿和冷却。

填馅

- 贝果对半横切，内瓤抹上海草黄油，三文鱼片折叠起来堆在上面。最后挤上柠檬汁，摆几支莳萝的枝尖，将贝果合拢。

黄油莫尔内荞麦三明治

Croque-monsieur au jambon, beurre au sarrasin et sauce Mornay

难度： ♔

准备： 10分钟 · **烹饪：** 5分钟

食材（可制作1个三明治）

莫尔内沙拉

10克黄油 · 10克面粉 · 60克牛奶 · 25克蛋黄液
10克擦碎的孔泰奶酪

20克软化成膏状的荞麦黄油
3片厚度为1厘米的营养谷物面包（详见本书第80页）
2片重40克的白火腿片 · 水田芥
30克擦碎的孔泰奶酪

莫尔内沙拉

- 在锅里将黄油融化，加入面粉，不停搅拌，以小火烹煮几分钟。倒入冷的牛奶，用蛋抽搅拌，煮至沸腾。离火，加入蛋黄液和擦碎的孔泰奶酪。

组装

- 打开烤箱的上火。3片面包各有一面抹上荞麦黄油，最底下的一片面包在黄油层上再薄涂一层1/3的莫尔内沙拉，并叠上一块白火腿片和水田芥。
- 中间的面包同样在黄油层上再薄涂一层1/3的莫尔内沙拉，以及叠上一块白火腿片。最后堆上第3片面包，将剩余的莫尔内沙拉抹在黄油层上，并撒上擦碎的孔泰奶酪。
- 将咬先生三明治放入烤箱，烘烤至颜色变得金黄。

熏猪肉条白酱风味小蛋糕

Petit cake lardons et béchamel

难度： ♔

准备： 10分钟 · **发酵：** 1小时 · **烹饪：** 22分钟

食材（可制作8个小蛋糕）

白酱

25克黄油 · 32克面粉 · 250克牛奶
盐 · 黑胡椒 · 肉豆蔻

80克熏猪肉条
320克可颂面团的边角料（详见本书第206页）

白酱

- 在平底锅里将黄油融化，加入面粉，边搅拌边烹煮数分钟。倒入冷的牛奶，用蛋抽搅拌至煮沸。撒盐、黑胡椒和肉豆蔻调味。
- 将熏猪肉条放入另一个锅里，冷水没过。煮至沸腾。沥水，用厨房纸巾吸干水，放入冰箱冷藏。

准备和烘烤

- 将可颂面团的边角料切割为长3.5毫米至1厘米的方块。取8个长8厘米、宽4厘米的长方形小模具，每个填入40克方块面团。
- 在28℃的发酵箱里发酵约1小时（详见本书第54页）。
- 在每个模具内填入35克白酱，然后将熏猪肉条撒在表面。
- 风炉预热至165℃。入炉，放在烤箱中层，烘烤22分钟。趁热品尝。

那不勒斯比萨

Pizza napolitaine

难度：

提前1天　准备：10分钟 · **发酵：**30分钟
冷藏：12小时
制作当天　准备：35分钟
发酵：1小时45分钟～2小时 · **烹饪：**40～50分钟

食材（可制作1个比萨）

75克老面

搅拌

150克水 · 250克T55面粉 · 5克盐 · 5克新鲜酵母
4克普罗旺斯香草 · 20克橄榄油（作为后水）

馅料

200克切成薄片的西葫芦 · 橄榄油 · 6克盐
0.5克黑胡椒 · 罗勒 · 250克切片的番茄 · 2克蒜粉
300克马苏里拉奶酪碎 · 400克帕玛森干酪碎

比萨酱

20克橄榄油 · 60克切碎的洋葱 · 1瓣切碎的大蒜
盐 · 黑胡椒 · 200克去皮、去籽且切碎的番茄
1小盒浓缩番茄汁 · 月桂 · 百里香 · 牛至 · 2克糖

用于涂抹的橄榄油

老面（提前1天）

- 准备好老面，放入冰箱冷藏至隔日使用（详见本书第31页）。

馅料（提前1天或制作当天）

- 将西葫芦放入碗中，用橄榄油、盐、黑胡椒和罗勒腌制数小时。建议在前一天完成，或者在制作当天，提前数小时制作。

比萨酱（制作当天）

- 平底锅中火加热橄榄油，将洋葱和大蒜煸炒3分钟至出汁。放入盐、黑胡椒、糖调味，并加入切碎的番茄、浓缩番茄汁、月桂、百里香和牛至。小火炖煮20～30分钟，尽可能收汁，使酱汁风味更浓郁，随后关火冷却。

搅拌

- 在面缸里放入水、面粉、盐、新鲜酵母、切成小块的老面和普罗旺斯香草。以慢速搅拌4分钟，随后转为快速搅拌4分钟。最后将作为后水的橄榄油呈细线状缓慢加入面团，搅拌至面团不粘缸壁，且质地光滑，搅拌完成时的面团温度为24～25℃。

基础发酵

- 盖上湿的厨房巾，在室温下发酵45分钟～1小时。

整形和最终发酵

- 在撒好面粉的烘焙油纸上，将面团用擀面杖擀压成一块长30厘米、宽28厘米的长方形。
- 在25℃的发酵箱里发酵1小时（详见本书第54页）。

烘烤

- 平炉预热至280℃。烤箱底层放一个长38厘米、宽30厘米的烤盘。
- 在碗里放入切成片的番茄，用盐和黑胡椒调味，再撒上蒜粉。
- 将比萨酱抹在面团表面，撒上马苏里拉奶酪碎和帕玛森干酪碎，再均匀摆放预先卷好的腌渍西葫芦片以及番茄片。
- 取出加热好的烤盘，放在烤架上。将比萨连烘焙油纸滑到烤盘上。烘烤14分钟。最后可抬起比萨，观察底部是否呈金黄色来判断烤熟与否。
- 出炉后，刷上橄榄油。

土豆馅饼

Pâté aux pommes de terre

难度： ♤

提前1天　准备： 5分钟 · **冷藏：** 24小时
制作当天　准备： 15～20分钟 · **烘烤：** 40～50分钟

食材（可制作1个土豆馅饼）

600克酥皮面团

内馅
3个土豆 · 1/2个切碎的洋葱，1瓣切碎的大蒜 · 欧芹碎 · 盐 · 黑胡椒

上色
1个全蛋+1个蛋黄（搅打均匀）

2汤匙淡奶油

酥皮面团（提前1天）

- 准备好1份四次折叠的法酥皮面团（详见本书第212页）。

制作当天

- 用前一天备好的酥皮面团进行第五次3折，随后对半切开。用擀面杖将其中一块擀压至2毫米厚度，切出一块直径为20厘米的圆片，此为土豆馅饼的底部。
- 另一份生坯擀压至2.5毫米厚度，切出一块直径为18厘米的圆片，此为土豆馅饼的顶部。

内馅和组装

- 土豆切成薄片与洋葱、大蒜、欧芹碎、盐和黑胡椒混合。
- 将酥皮底部放在预先铺有烘焙油纸的烤盘上，打湿边缘2厘米处。中间放入土豆和香料的混合物，留出边缘。最后叠上酥皮顶部，合拢。
- 刷一层上色的蛋液，用直径为9厘米的切模围绕顶部的中心割一圈，做成“帽子”。

烘烤

- 平炉预热至200℃。将酥皮面团放入烤炉，温度降至180℃，烘烤40～50分钟。可以插入小刀查看土豆否烤熟。
- 出炉后，掀起顶部中心的“帽子”。在土豆表面抹上淡奶油，再将帽子盖回即刻。

法式吐司洛林咸挞

Pain perdu lorrain

难度：

准备：10分钟 · **烘烤：**20分钟

食材（可制作5片吐司）

30克熏猪肉条 · 5片厚度为1厘米的吐司片（详见本书第110页的缤纷吐司）
1/2个隔夜的传统法式长棍 · 25克擦碎的艾门塔尔奶酪

洛林蛋奶液

190克全蛋液 · 150克牛奶 · 150克淡奶油 · 盐 · 黑胡椒 · 肉豆蔻

法式吐司

- 将熏猪肉条放入锅中，冷水没过。煮至沸腾，沥水，并用厨房纸巾吸干水。
- 用切模将5个吐司片切成直径为9厘米的圆片，分别填入5个直径为10厘米的洛林咸挞模具内。
- 将法式长棍切成厚度为1厘米的片状，再对半切开。每个洛林咸挞模具的内壁贴放6个这样的半月形法棍片，最后撒上擦碎的艾门塔尔奶酪和熏猪肉条。

洛林蛋奶液

- 在碗里用蛋抽将鸡蛋打散，加入牛奶和淡奶油。放入盐、黑胡椒和肉豆蔻调味，最后倒入咸挞模具内。

烘烤

- 风炉预热至180℃。入炉，模具放在中层，烘烤20分钟。
- 出炉后，将法式吐司洛林咸挞脱模。

开放式素三明治佐紫甘蓝、胡萝卜、菜花和科林斯葡萄干

Tartine végétarienne，chou rouge，carotte，chou-fleur et raisins de Corinthe

难度：

准备：30分钟

食材（可制作4个三明治）

腌胡萝卜

50克有机苹果醋 · 50克糖 · 50克水 · 350克切成菱形的黄色胡萝卜
200克切成菱形的沙地胡萝卜

雪纺切[1]紫甘蓝

30克白葡萄酒醋 · 100克雪纺切的紫甘蓝 · 盐

香草奶油

1束香葱 · 350克打散的新鲜奶酪 · 2个青柠檬 · 青辣汁

4片沿长边切出的豆子素食面包片（详见本书第104页）
200克菜花 · 50克橄榄油 · 100克科林斯葡萄干 · 盐 · 黑胡椒

腌胡萝卜

- 在锅里倒入有机苹果醋、糖、水，煮至沸腾。加入两种胡萝卜，关火后待其冷却。

雪纺切紫甘蓝

- 加热白葡萄酒醋，随后倒在紫甘蓝上。加少许盐，搅匀后沥干，待其冷却。

香草奶油

- 切几支香葱作为装饰备用，剩下的切成香葱碎，放入碗里与新鲜奶酪、青柠檬的汁水和皮屑、青辣汁混合均匀。将制成的香草奶油装进配有12号齿状花嘴的裱花袋里。

组装

- 烘烤面包片，待其冷却。
- 用裱花袋在面包片上挤出香草奶油花。沥干腌胡萝卜，放进一个碗里，加入雪纺切紫甘蓝和菜花，浇上少许橄榄油盐和黑胡椒，再将它们错落有致地摆放在面包片上，最后点缀一些科林斯葡萄干以及细香葱。

[1] 法语写作CHIFFONNADE，法式料理术语，即将香草或者蔬菜等切成细小的条状。

鸭胸肉三明治佐山羊奶酪抹酱、啤梨和蜂蜜

Sandwich au magret de canard，crème de chèvre，poire et miel

难度：

准备： 10分钟

食材（可制作1个三明治）

蜂蜜啤梨

1个啤梨 · 1/2个柠檬的汁水 · 10克洋槐蜂蜜

1小个营养谷物长棍 · 60克山羊奶酪酱 · 30克鸭胸肉片

蜂蜜啤梨

- 啤梨对半切开，去核并切成薄片。取一半淋上柠檬汁，备用。
- 在平底锅里加热蜂蜜至上色，倒入原味的啤梨片，让蜂蜜裹住水果。置于碗里冷却。

组装

- 将营养谷物长棍沿长边对半切开，内瓤涂抹上山羊奶酪酱，折叠鸭胸肉片并堆在上面。注意，摆放时重叠一部分，并将带脂肪的那一端朝外。
- 在每片鸭胸肉之间，放入一片蜂蜜啤梨和一片柠檬啤梨。合拢长棍三明治。

主厨小贴士： 关于营养谷物长棍的制作，请按照营养谷物面包（详见本书第80页）的配方搅打面团。随后将面团分割成5份生坯，每份重200克。先滚圆，静置松弛20分钟后，整形为长棍状，并进行最终发酵。最后放在2个长38厘米、宽30厘米的烤盘上，烤箱温度设置成240℃，烘烤15～18分钟。

开放式素三明治佐牛油果、辣根、西芹和青苹果

Tartine végétarienne，avocat，raifort，céleri et pomme verte

难度：

准备： 30分钟

食材（可制作20个三明治）

100克辣根奶油酱 · 300克打散的新鲜奶酪 · 4片豆子素食面包（详见本书第104页）
2个柠檬 · 2个牛油果 · 2个苹果 · 4根切碎的西芹蕊
200克微烘烤过的佩里戈尔核桃 · 盐 · 黑胡椒

准备

- 在碗里用蛋抽将辣根奶油酱和新鲜奶酪搅匀。装入配有10号齿状花嘴的裱花袋内，在面包片上挤出小花。
- 将牛油果和苹果都切成薄片，并在上面挤上柠檬汁，防止氧化变色。
- 在每片面包上放半个牛油果分量的薄片和几片苹果圆片，再点缀一根切碎的西芹蕊和少许烘烤过的核桃。撒盐和黑胡椒调味，最后将每片面包切成5份开放式三明治。

主厨小贴士： 挑选西芹蕊时，请选择容易折断的、脆生生的枝条，这是新鲜的标志。将它们平放，用削皮刀削去粗纤维，再切掉中间的黄色嫩叶。也可以保留这些叶子做其他用途，例如：用于开放式三明治的装饰。

鸡尾酒布里欧修

Brioche cocktail

难度：

提前1天　**准备：** 12～15分钟 · **发酵：** 30分钟 · **冷藏：** 12小时

制作当天　准备： 15分钟 · **发酵：** 1小时 · **烘烤：** 25分钟

食材（可制作36个鸡尾酒布里欧修）

600克布里欧修面团

奶酪布里欧修

60克擦碎的孔泰奶酪 · 孜然粒

橄榄布里欧修

50克去核并切成小块的黑橄榄

洋葱、碧根果布里欧修

40克切碎并炒至焦糖化的红洋葱碎 · 10克碧根果

上色

1个全蛋+1个蛋黄（搅打均匀）

布里欧修面团（提前1天）

- 准备好布里欧修面团（详见本书第204页）。

准备（制作当天）

- 将布里欧修面团分割成3份生坯，每份重约200克，然后用掌根轻微压平。
- 取3/4的孔泰奶酪碎和孜然粒撒在其中1个生坯上。入炉前，在刷完上色蛋液后的生坯表面上，再撒上预留的剩余奶酪碎和少许孜然。
- 将切碎的橄榄撒在第2个生坯上。洋葱碎和碧根果撒在第3个生坯上。
- 将3个不同口味的生坯整形为短棍状，每根短棍再切成12块，每块重约20克（可以保留块状或者滚圆）。放在2个长38厘米、宽30厘米的烤盘上，并预先铺好烘焙油纸。刷一层上色的蛋液，在室温下（25℃）发酵1小时。

烘烤

- 风炉预热至145℃。入炉，烘烤25分钟。
- 出炉后，将布里欧修放在烤架上排湿和冷却。

酒糟玛芬

Muffins à la drêche

难度：🍳

准备：10分钟 · **烘烤：**20分钟

食材（可制作9个玛芬）

85克T55面粉 · 30克酒糟面粉 · 140克糖 · 3克小苏打 · 2克盐
40克软化黄油 · 100克全蛋液 · 60克淡奶油 · 用于涂抹模具的软化黄油

准备

- 风炉预热至165℃。
- 在碗里混合两种面粉、糖、小苏打和盐。依次加入黄油、全蛋液和淡奶油，用蛋抽搅拌至质地柔软的面糊。
- 用黄油涂抹玛芬连模，在单个玛芬模内倒入约50克的面糊。
- 入炉，模具放在中层，烘烤20分钟。

橙香玛芬

Muffins à l'orange

食材：2个橙子 · 35克糖 · 25克黄油 · 1根香草荚 · 3小搓盐之花
1瓶盖君度橙酒 · 玛芬面糊（详见上方）· 糖粉 · 用于涂抹模具的软化黄油

- 橙子擦皮后，剖出其中的纯果肉段，预留9小段，将剩下的每段切成2～3块。放在厨房纸巾上，吸掉多余的水。
- 用小锅无水干熬焦糖，将糖熬至琥珀色。离火，加入切成小块的黄油、刮取出的香草籽和盐之花。再将橙子皮屑和橙肉块倒进焦糖里，不要搅拌。直至填模时，再加入君度橙酒。
- 在玛芬连模内壁涂抹上黄油，倒入面糊。单个玛芬模内塞入1～2块焦糖橙肉块。入炉，烘烤20分钟。
- 出炉后，放在烤架上冷却，最后撒上糖粉以及摆放橙肉段作为装饰。

维也纳面包

布里欧修面团

Pâte à brioche

难度：

提前1天　准备：12～15分钟 · **发酵：**30分钟 · **冷藏：**12小时

食材（可制作700克面团）

90克全蛋液 · 45克蛋黄液 · 85克牛奶 · 300克T45面粉
6克盐 · 45克糖 · 9克新鲜酵母 · 120克冷黄油 · 2克香草精

搅拌（提前1天）

- 在面缸里放入全蛋液、蛋黄液、牛奶、面粉、盐、糖和新鲜酵母（图1），以慢速搅拌至面团质地均匀，且不粘缸壁（图2）。
- 加入切成小块的黄油（图3），以慢速继续搅拌，直至面团吸收完毕黄油，再次变得不粘缸壁。使用慢速的目的在于留存黄油的风味。在搅拌的尾声加入香草精，最后得到十分光滑的面团。
- 从面缸里取出面团，滚圆（图4）。

基础发酵

- 将面团放入容器内，盖上保鲜膜，在室温下静置松弛30分钟。
- 放在工作台面上，进行一轮翻面（图5）。盖上保鲜膜，放入冰箱冷藏过夜（图6）。

主厨小贴士：布里欧修面团含有大量的鸡蛋和黄油，它柔软且细腻的质地便因此而来。这种类型的面团需冷藏至少12小时，用于稳定黄油，并充分释放其风味和香气。布里欧修可制成甜或者咸的版本，亦可以变化出多种造型：折叠，扭转，编织，入模等。

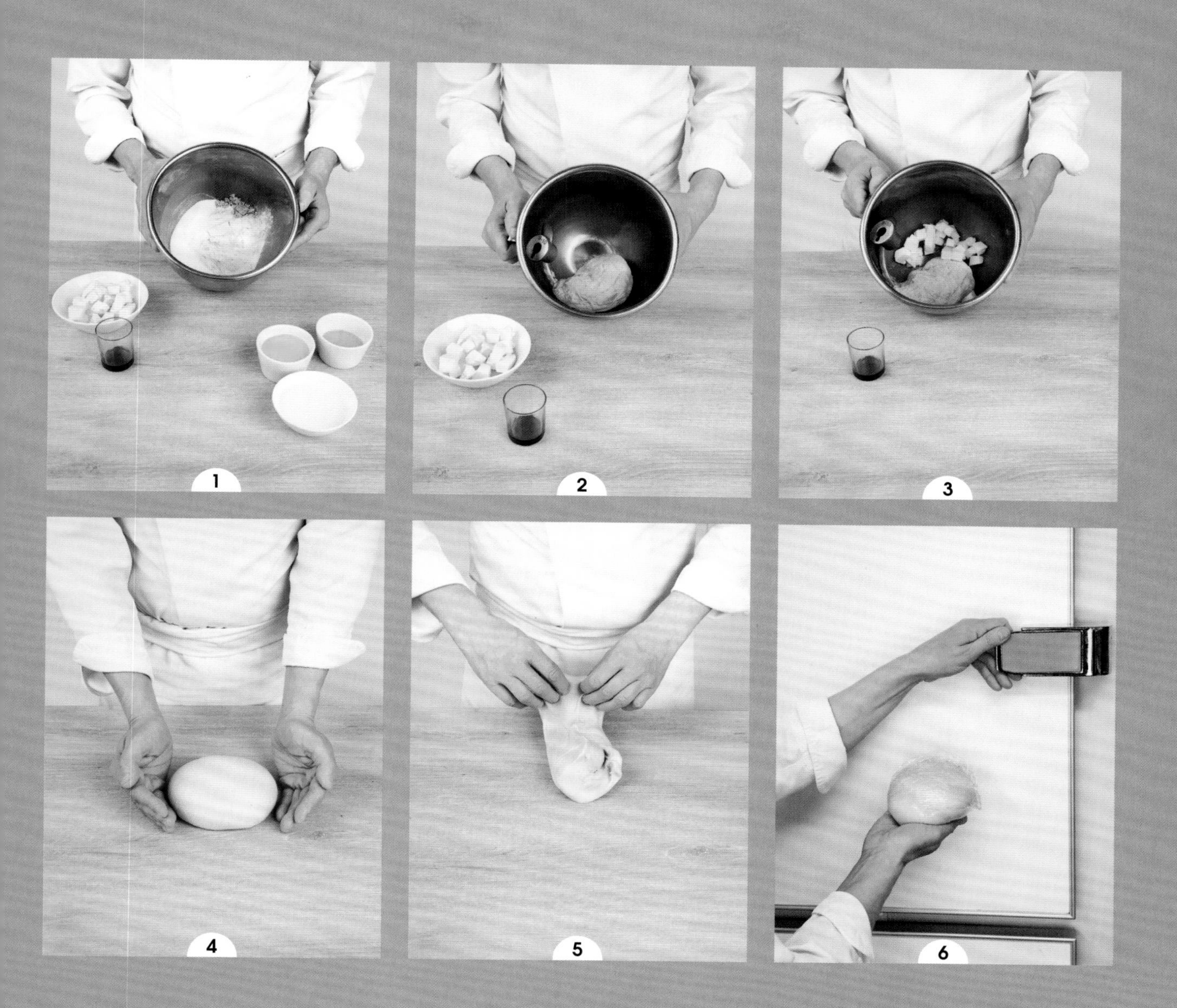
1
2
3
4
5
6

基础配方

可颂面团

Pâte à croissant

难度：

提前1天　准备：5分钟 · **发酵：**12小时
制作当天　冷冻：时间视开酥时的折叠次数而定

食材（可制作580克面团）

油皮

80克水 · 50克牛奶 · 125克T45面粉 · 125克T55面粉 · 5克盐
18克新鲜酵母 · 30克糖 · 25克干黄油

油酥

125克冷的干黄油

油皮（提前1天）

- 在面缸里放入水、牛奶、两种面粉、盐、新鲜酵母、糖和干黄油。以慢速搅拌约4分钟至面团质地均匀，随后提速搅拌使面团具有足够的弹性。滚圆，盖上保鲜膜，放入冰箱冷藏至少12小时，此为油皮。

油酥（制作当天）

- 将冷的干黄油放在一张烘焙油纸上，用擀面杖擀压成一块正方形（图1、图2），此为油酥。
- 工作台面上撒面粉，将油皮擀压成比油酥尺寸略大些的长方形（图3）。将油酥置于油皮中间，切去油皮边缘（图4），将切下来的2块油皮铺在油酥上，盖住油酥。

主厨小贴士：请确保油皮和油酥的温度都是冷的，且质地相同。若油酥太硬，会戳破油皮。若太软，则容易融化，导致酥皮层次不分明，粘连在一起。所以开酥时动作务必迅速，避免黄油融化。

- 用擀面杖在上个步骤制成的可颂生坯上斜压1个十字，使其稳固在烘焙油纸上，随后沿着长边按压下来（图5）。

可颂面团有三种常见的开酥方式：

- 三次3折
- 一次4折+一次3折
- 两次4折

三次3折

- 将可颂生坯擀压成一块长45厘米、宽25厘米、厚3.5毫米左右的长方形。将一侧折到1/3处（图6），然后将另一侧也折起来，盖在上面，此为第一次3折。
- 将生坯旋转90度（图7），擀长，进行第二次3折（图8、图9）。
- 放入冰箱冷冻约30分钟，取出后擀长，再进行一次3折。

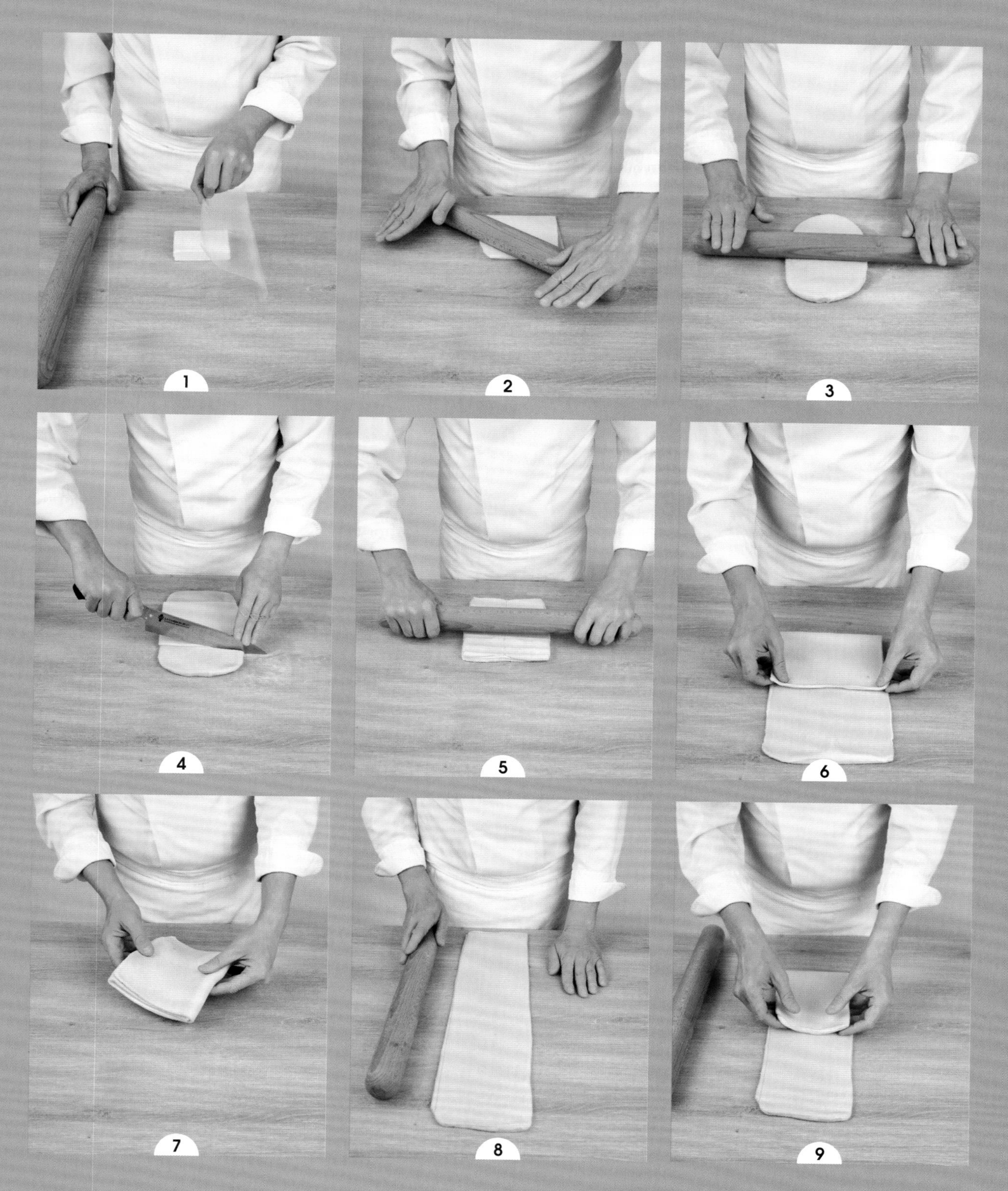
1
2
3
4
5
6
7
8
9

三次3折的可颂

一次4折+一次3折的可颂

两次4折的可颂

一次4折+一次3折

- 将可颂生坯擀压成一块长50厘米、宽16厘米、厚3.5毫米左右的长方形（图10）。将一侧折到1/4处，然后将另一侧折到3/4处，两端彼此碰触（图11）。再对折，此为第一次4折（图12）。
- 将生坯转90度（图13），擀长，再进行一次3折（图14、图15）。

两次4折

- 将可颂生坯擀压成一块长50厘米、宽16厘米、厚3.5毫米左右的长方形（图16）。将一侧折到1/4处，然后将另一侧折到3/4处，两端彼此碰触（图17）。再对折，此为第一次4折（图18）。
- 将生坯转90度，擀长，再进行一次4折。

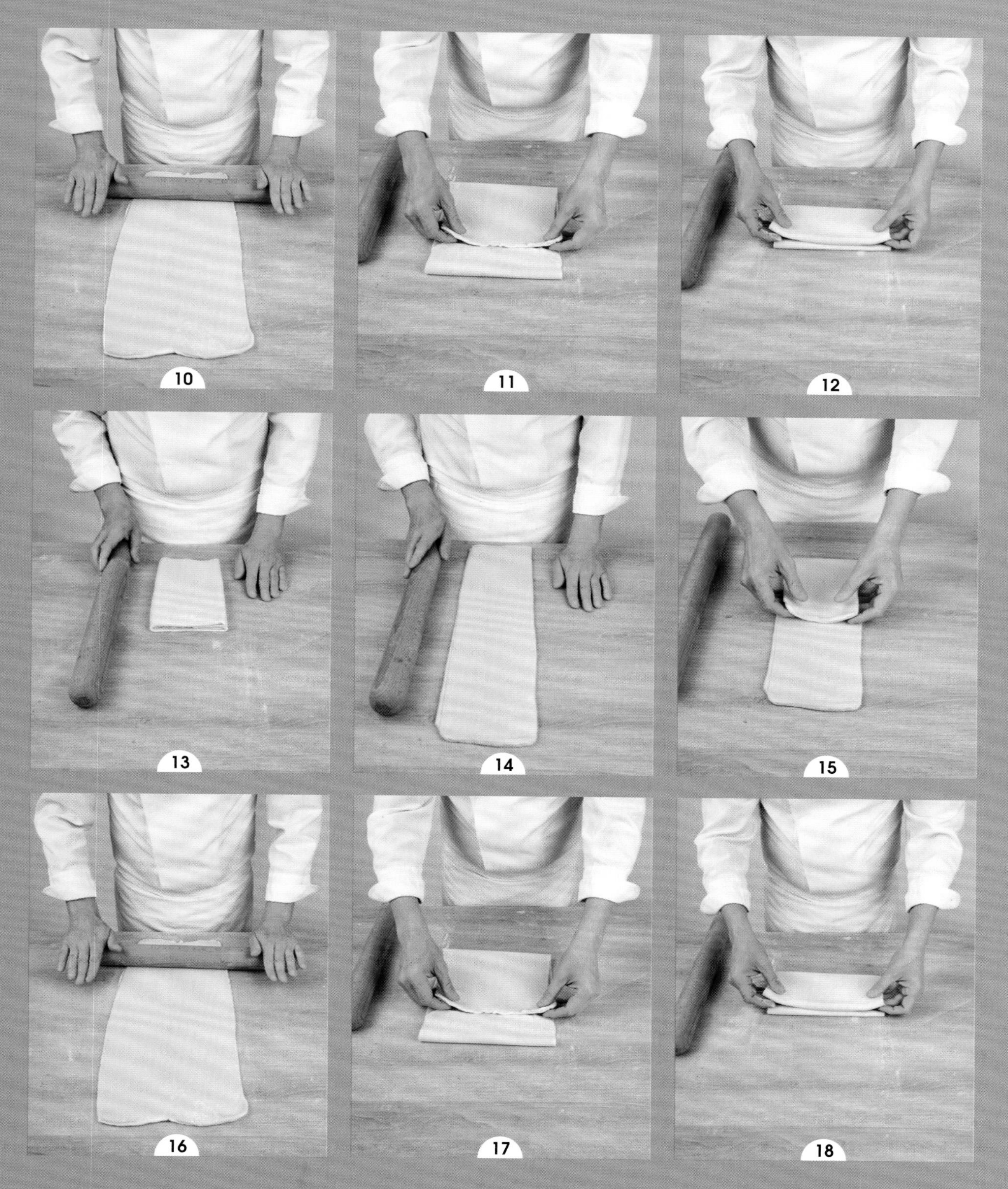
10
11
12
13
14
15
16
17
18

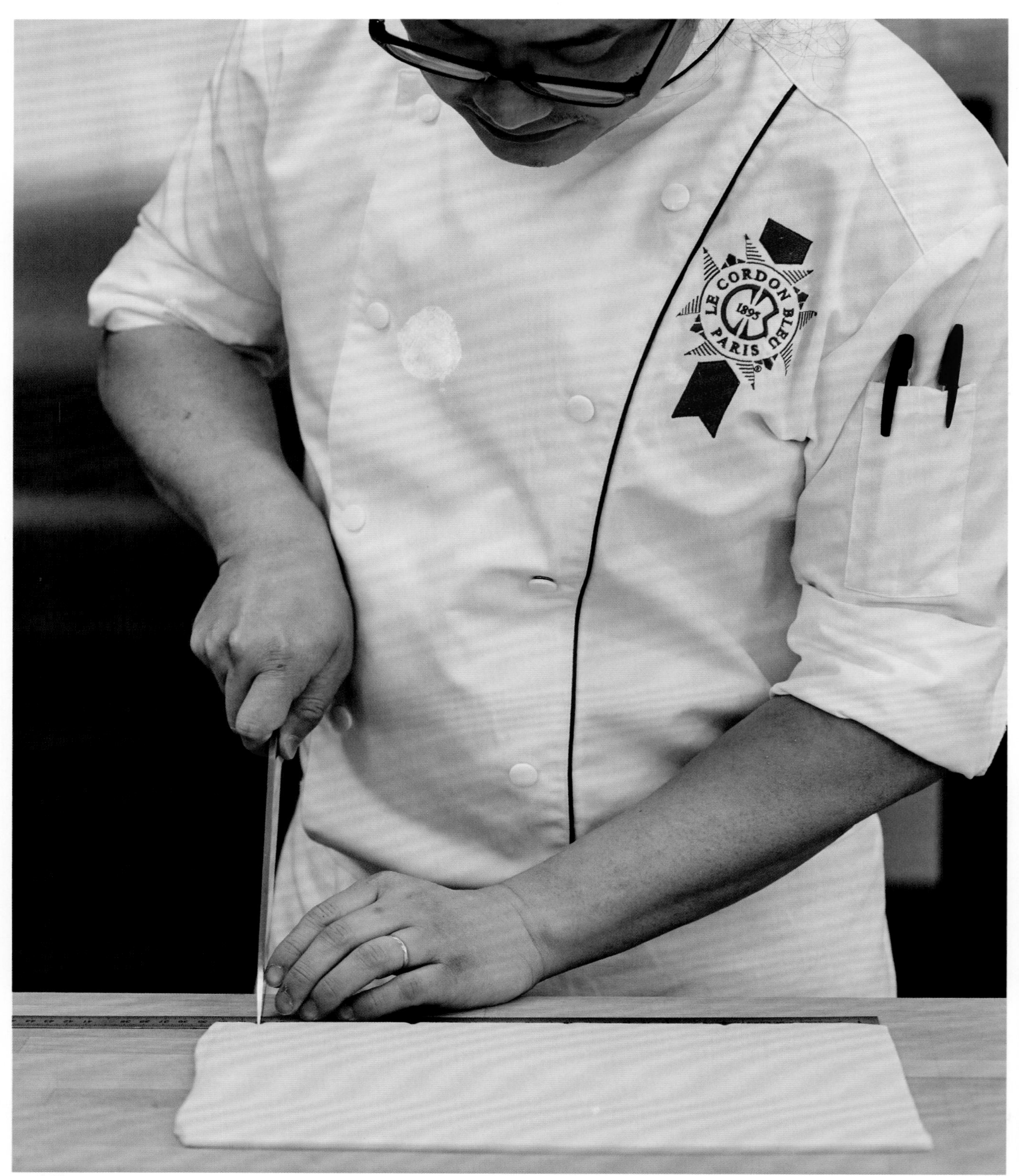
LE CORDON BLEU
1895
PARIS

酥皮面团

Pâte feuilletée

难度：

提前1天　准备：5分钟 · **冷藏：**时间视开酥时的折叠次数而定

食材（可制作560克面团）

油皮

250克T55面粉 · 5克盐 · 100克冷水 · 25克融化的黄油

油酥

180克冷的干黄油

油皮（提前1天）

- 厨师机装上搅钩，面缸里放入面粉、盐、水和黄油（图1、图2）。以慢速搅拌至面团成形，且质地均匀，注意不要搅拌过度（图3）。
- 滚圆。中间割出1个十字（图4），盖上保鲜膜，放入冰箱冷藏至少2小时。此为油皮。

油酥

- 将冷的干黄油块放在一张烘焙油纸上，用擀面杖擀压成一块长16厘米左右的正方形。此为油酥。
- 工作台面上撒少许面粉，用擀面杖将油皮擀压成一块直径为24厘米的圆片。将正方形状的油酥置于中间，四个角能抵到油皮的边缘。提起油皮向中间折叠，像信封一样包裹住油酥，生坯制成。

四次折叠法酥皮面团有两种常见的开酥方式：

- 四次3折
- 两次4折+一次3折

四次3折（提前1天）

- 将生坯擀压成一块长40厘米、宽16厘米左右的长方形（图5）。将一侧折到1/3处，然后将另一侧也折起来，盖在上面（图6），此为第一次3折。盖上保鲜膜，放入冰箱冷冻20分钟。
- 从冰箱中取出生坯，旋转90度，擀长，再进行第二次3折。
- 继续同样的操作，直至完成四次3折，盖上保鲜膜，放入冰箱冷藏过夜。

两次4折+一次3折（提前1天）

- 将生坯擀压成一块长50厘米、宽16厘米左右的长方形。将一侧折到1/4处，然后将另一侧折到3/4处，两端彼此碰触，再对折，此为第一次4折。盖上保鲜膜，放入冰箱冷冻20分钟。
- 从冰箱中取出生坯，旋转90度，擀长，进行第二次4折。
- 放入冰箱冷冻20分钟，取出，旋转90度，再进行一次3折。
- 盖上保鲜膜，放入冰箱冷藏至少24小时。

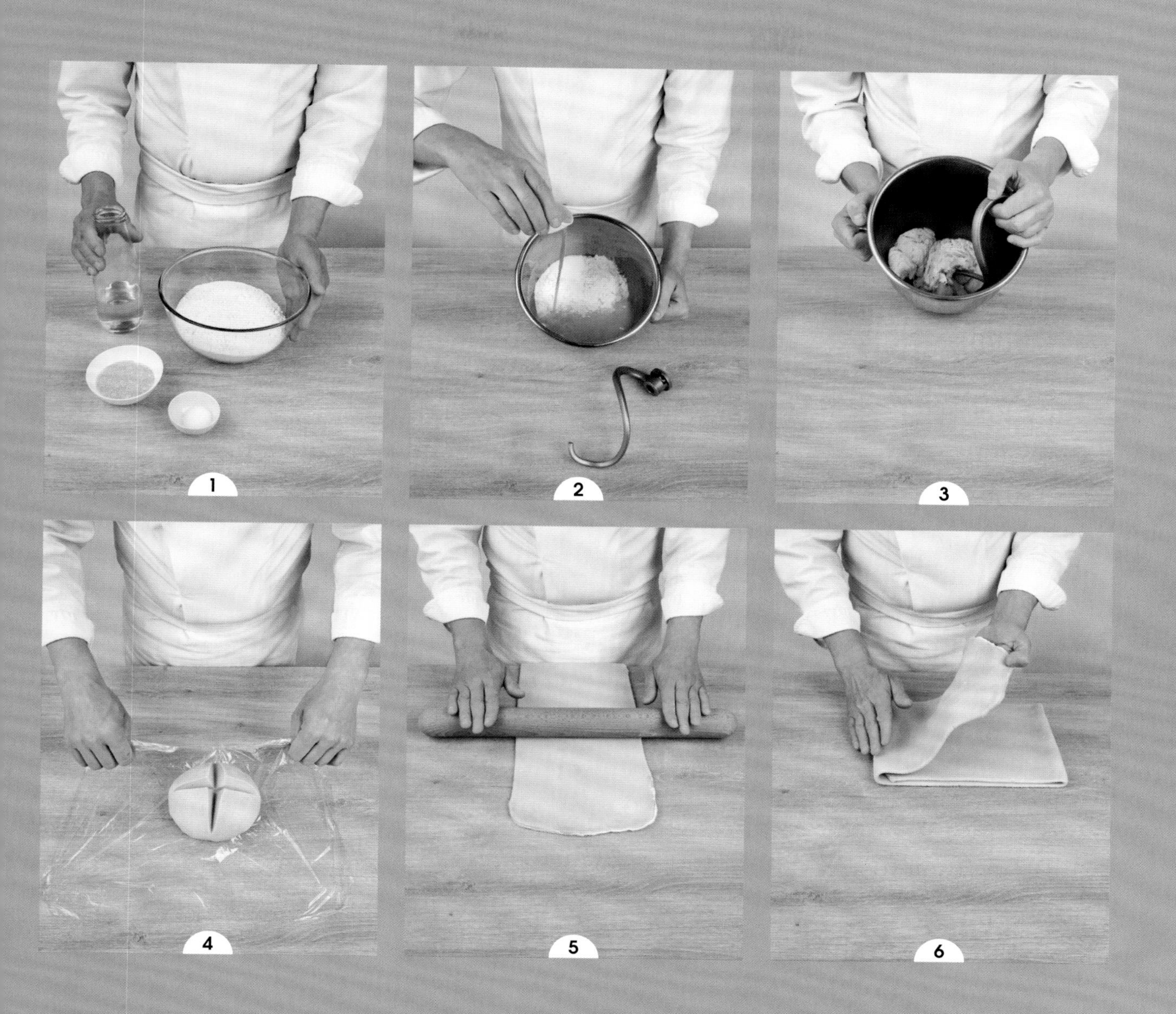
1
2
3
4
5
6

南特布里欧修

Brioche Nanterre

难度： ♔

提前1天　准备： 5分钟 · **发酵：** 12小时

制作当天　准备： 18分钟 · **发酵：** 2小时20分钟～2小时25分钟 · **冷藏：** 1小时 · **烘烤：** 25分钟

食材（可制作3个布里欧修）

种面

1克新鲜酵母 · 93克牛奶 · 100克T45面粉

搅拌

67克全蛋液 · 58克蛋黄液 · 20克新鲜酵母

233克T45面粉 · 38克糖 · 12克赤砂糖[1]

7克盐 · 196克冷黄油

用于涂抹模具的软化黄油

上色

1个打散的鸡蛋

种面（提前1天）

- 牛奶倒入碗里，再加进捏碎的新鲜酵母，用蛋抽搅拌溶解。接着加入面粉搅匀。盖上保鲜膜，在室温下发酵12小时。

搅拌（制作当天）

- 在面缸里放入种面、全蛋液、蛋黄液、新鲜酵母、面粉、糖、赤砂糖和盐。以慢速搅拌5分钟，随后转为快速继续搅拌8分钟，直至面团不粘缸壁。加入切成小块的冷黄油，最后以慢速搅拌约5分钟直至面团吸收完毕黄油，变得再次不粘缸壁。
- 从面缸里取出面团，进行两轮翻面，放入带盖的容器内。

基础发酵

- 在室温下发酵40分钟，然后放入冰箱冷藏1小时。

分割和整形

- 取3个模具，尺寸分别为长18厘米、宽7厘米、高8厘米，内部涂抹大量的黄油。
- 在工作台面上给面团翻面排气。分割成18份生坯，每份重约45克。先滚圆，盖上干的厨房巾，静置松弛10～15分钟。再次滚成紧实的球状，每个模具里放入6个球，接口处朝下。

最终发酵

- 将这些模具放在一个长38厘米、宽30厘米的烤盘上。在28℃的发酵箱里发酵1小时30分钟（详见本书第54页）。

烘烤

- 风炉预热至150℃。
- 轻柔地刷上蛋液，注意不要让多余的蛋液流到模具壁上。入炉，放在烤箱中层，烘烤约25分钟。
- 脱模，放在烤架上排湿和冷却。

---

[1] 甜菜经过提炼后得到的糖，注意不要和由甘蔗制得的红糖混淆。

巴黎布里欧修

Brioche parisienne

难度： ♔

准备： 15分钟 · **发酵：** 3小时50分钟 · **冷藏：** 1小时 · **烘烤：** 10～12分钟

食材（可制作8个布里欧修）

185克T55面粉 · 8克新鲜酵母 · 3克盐 · 18克糖

100克全蛋液 · 90克冷黄油

用于涂抹模具的软化黄油

上色

1个打散的鸡蛋

布里欧修面团

- 在面缸里放入面粉、新鲜酵母、盐、糖和全蛋液，以慢速搅拌5分钟，直至面团变得柔软且不粘缸壁。加入黄油，转为快速继续搅拌10分钟，直至面团再次变得柔软和光滑且不粘缸壁。
- 放在工作台面上，撒上少许面粉。滚圆，再盖上微微打湿的厨房巾。

基础发酵

- 在室温下发酵1小时30分钟。结束时，面团体积应膨胀1倍。
- 翻面排气，放入带盖的容器内，转入冰箱冷藏1小时。

分割和整形

- 工作台面上撒面粉，将面团分割为16份生坯。其中8份重约35克的生坯，作为底部；另外8份重约15克的生坯，作为头部。
- 将所有生坯全部整形成圆滚的球状，置于工作台面上，盖上干的厨房巾，在室温下静置松弛20分钟。
- 取8个直径为7～8厘米的布里欧修专用凹槽模具，内部涂抹大量的黄油。
- 取出作为头部的小球，整成梨形。用手指在作为底部的球中间戳出1个直径约为2厘米的小洞，再用剪刀在每个头部小球的梨尖处划一道长1厘米的口子，将这一端塞入底部的洞里，再捏紧结合处。

最终发酵

- 将布里欧修模具放在一个长38厘米、宽30厘米的烤盘上。在28℃的发酵箱里发酵2小时（详见本书第54页），结束后，布里欧修的体积应膨胀1倍。

烘烤

- 风炉预热至180℃。
- 刷一层上色的蛋液，入炉，烤盘放在中层。温度降至160℃，烘烤10～12分钟。
- 出炉后，脱模，放在烤架上排湿和冷却。

双色酥皮布里欧修

Brioche feuilletée bicolore

难度：

提前1天　准备： 12～15分钟 · **发酵：** 30分钟 · **冷藏：** 12小时

制作当天　准备： 40分钟 · **发酵：** 2小时～2小时30分钟 · **冷冻：** 20～30分钟 · **烘烤：** 42分钟

食材（可制作2个布里欧修）

原味布里欧修面团

80克全蛋液 · 40克蛋黄液 · 50克牛奶

125克T45面粉 · 125克T55面粉 · 5克盐 · 20克糖 · 10克新鲜酵母 · 75克黄油

用于涂抹模具的软化黄油

巧克力布里欧修面团

22克黄油 · 9克糖粉 · 9克可可粉

油酥

130克冷的干黄油

帕里尼薄脆奶油

15克黑巧克力 · 65克帕里尼[1] · 40克薄脆片

糖浆

100克水+130克糖（一起煮至沸腾）

主厨小贴士： 我们可借助一把钢尺或者长刀将帕里尼薄脆奶油均匀地摊成边角平整的长方形。奶油请务必于冰箱冷藏或者冷冻存放，使用前再取出，因为室温会使其迅速融化。

---

[1] 法文写作：praliné，是一种焦糖坚果酱，一般为榛子或者杏仁。

原味布里欧修面团（提前1天）

- 准备好一份没有添加香草精的布里欧修面团（详见本书第204页）。

巧克力布里欧修面团（提前1天）

- 从原味布里欧修面团里取出100克，放入面缸。厨师机装上桨叶，以慢速混合面团、黄油、糖粉和可可粉（图1）。混合好的面团装进带盖的容器里，放入冰箱冷藏过夜。

油酥（制作当天）

- 将冷的干黄油放在一张烘焙油纸上，擀压成一块长方形。此为油酥。
- 将原味布里欧修面团擀压成一块尺寸比油酥略大的长方形，厚度约为1厘米。
- 油酥放置于面团中间，切去面团边缘，将切下的2块面团叠在油酥上，盖住后者（图2）。将面团擀压至3.5毫米左右厚，先进行一次4折（图3）（详见本书第208页）。面团旋转90度，再进行一次3折（详见本书第208页），最后用水微微打湿面团表面。
- 将巧克力布里欧修面团擀压成与原味面团一样的尺寸，然后叠在后者上方（图4）。放在预先铺有保鲜膜的烤盘上，转入冰箱冷冻20～30分钟。
- 取出上个步骤制成的双色布里欧修生坯，擀压为长38厘米、宽28厘米、厚4毫米左右（图5）的长方形。用美工刀、小刀或者钢尺在巧克力面团表面割出规律的斜线（图6）。重新放入冰箱冷冻，并在此期间准备帕里尼薄脆奶油。

帕里尼薄脆奶油

- 隔水融化巧克力，倒入装有帕里尼的碗里搅拌（图7）。再加入薄脆片，小心地混合均匀。
- 将上个步骤制成的帕里尼薄脆奶油薄摊在一张烘焙油纸上，再盖上另一张油纸。用擀面杖擀压成长方形（图8），随后放入冰箱冷藏冻硬。

组合

- 取出双色布里欧修生坯，小心放在工作台面上，巧克力层朝下。扯去覆盖在帕里尼薄脆奶油上的一张烘焙油纸，将奶油翻转，叠在生坯上。再扯去第二张烘焙油纸，将奶油和生坯一起卷成足够紧实的短棍状。最后对半切开，分别放入2个预先涂抹了黄油的磅蛋糕模具内，模具尺寸为长19厘米、宽9厘米、高7厘米（图9）。
- 在25℃的发酵箱里发酵2小时～2小时30分钟（详见本书第54页）。

烘烤

- 风炉预热至200℃。
- 入炉，模具放在中层，温度降至140℃，烘烤40分钟。
- 出炉后，刷上糖浆，回炉继续烘烤2分钟。
- 脱模，放在烤架上冷却。

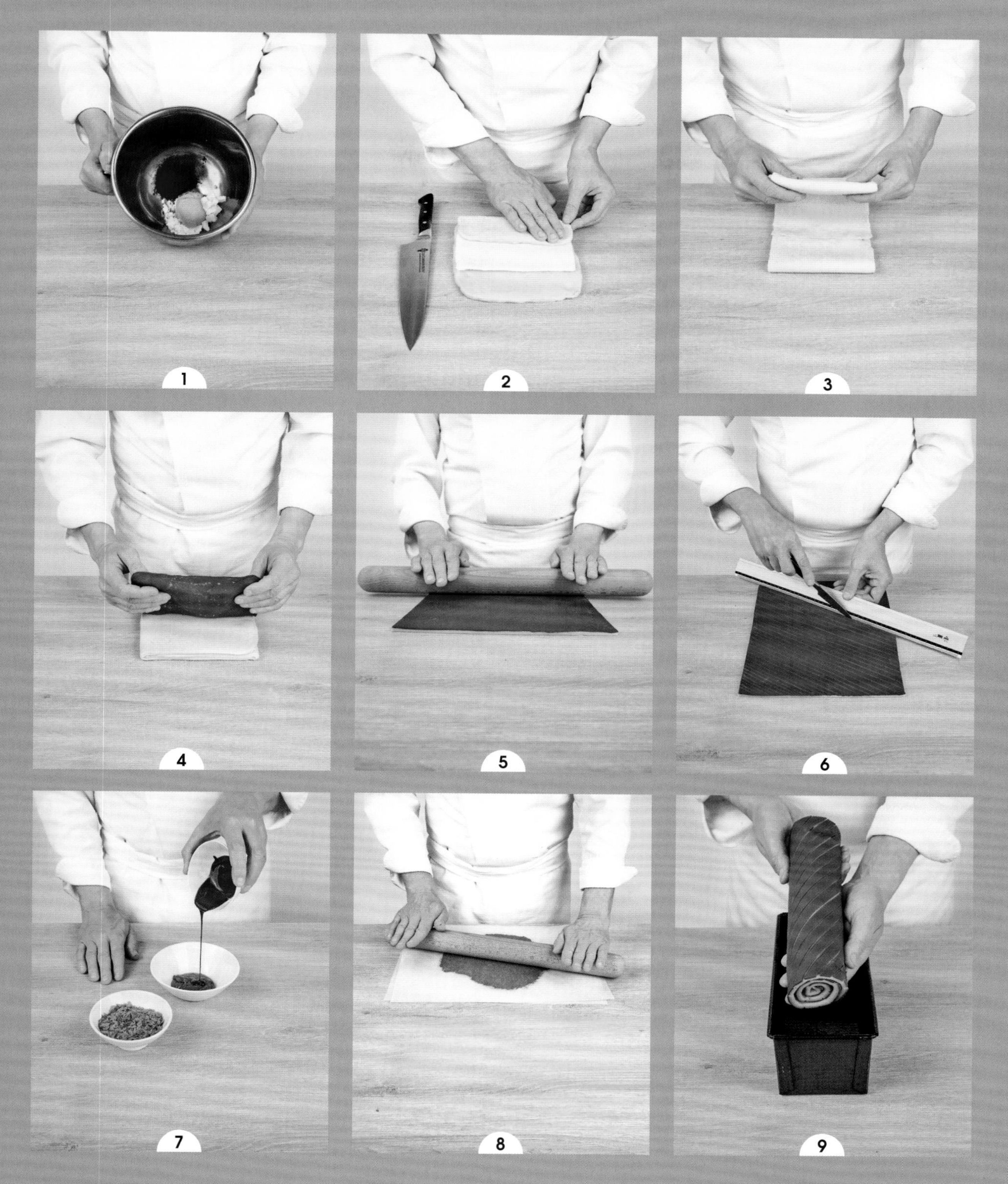
1
2
3
4
5
6
7
8
9

旺代布里欧修

Brioche vendéenne

难度： ♔

提前1天　准备：23分钟 · **发酵：**25分钟 · **冷藏：**12小时

制作当天　准备：30分钟 · **发酵：**50分钟～1小时15分钟 · **烘烤：**25～30分钟

食材（可制作2个布里欧修）

211克全蛋液 · 13克新鲜酵母 · 324克T45面粉 · 39克糖 · 7克盐 · 130克冷黄油

上色

1个打散的鸡蛋

装饰

珍珠糖（非必要）

布里欧修面团（提前1天）

- 在面缸里放入全蛋液、新鲜酵母、面粉、糖和盐。以慢速搅拌5分钟，随后转为快速继续搅拌8分钟，直至面团不粘缸壁。
- 加入切成小块的冷黄油，以慢速搅拌10分钟，直至面团再次不粘缸壁。进行一轮翻面，装入带盖的容器内。

基础发酵

- 在室温下发酵25分钟。进行第二轮翻面，放入冰箱冷藏过夜。

分割和整形（制作当天）

- 工作台面上撒少许面粉，用手按压布里欧修面团排气。将其分割成6份生坯，每份重约120克。预整形为长棍状（详见本书第42～43页），盖上干的厨房巾，静置松弛10～15分钟。
- 将生坯一份份取出，拍打排气。按压后整形为紧实的长棍状，随后用双手将生坯从中间向两端搓长，搓至长约30厘米。依次将所有生坯整形成长条状。
- 取3根长条开始编织。将它们的一端按实在一起，先拿起左边的长条搁在中间的长条上，再拿起右边的长条搁在中间的长条上，如此反复（图1、图2），直至整个布里欧修完全被编织好，最后按实它们的另外一端，将此处折到底部（图3）。重复以上步骤编好第2个布里欧修。

最终发酵

- 将这2个布里欧修放在长38厘米、宽30厘米的烤盘上，并预先铺好烘焙油纸。在布里欧修表面刷一层上色的蛋液，在28℃的发酵箱里发酵40分钟至1小时（详见本书第54页）。

烘烤

- 风炉预热至170℃。
- 在布里欧修表面轻柔地刷上第二层蛋液。如果想要制作出不同的花样，可再撒上珍珠糖做装饰。
- 入炉，烤盘放在中层。温度降至150℃，烘烤25～30分钟。
- 出炉后，放在烤架上排湿和冷却。

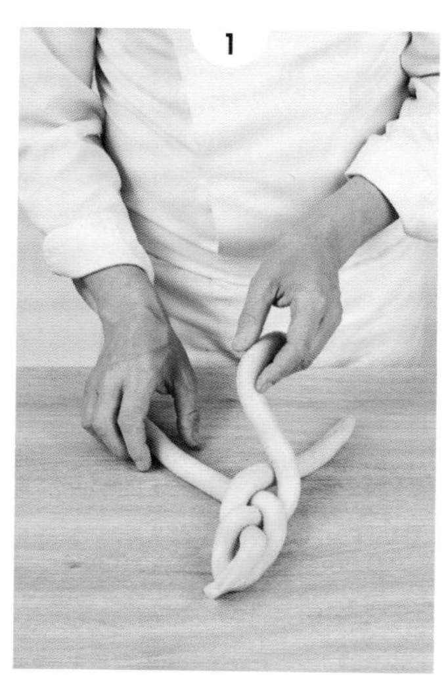
1

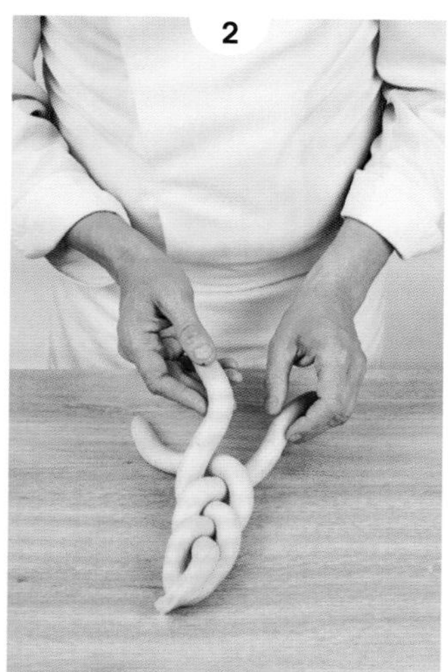
2

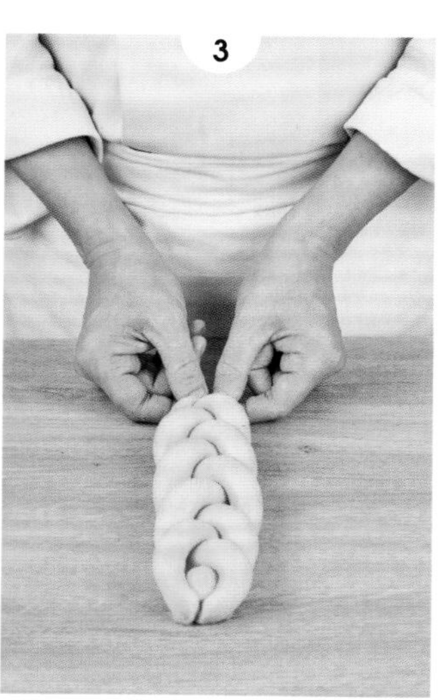
3

LE CORDON BLEU
PARIS

牛奶小面包

Petit pain au lait

难度： ♔

准备： 15分钟 · **发酵：** 2小时15分钟
烘烤： 12分钟

食材（可制作8个小面包）

180克水 · 50克全蛋液 · 20克奶粉 · 320克T45面粉
10克新鲜酵母 · 7克盐 · 30克糖 · 65克冷黄油
1个全蛋液上色用

搅拌

- 在面缸里放入除冷黄油以外的其他材料。慢速搅拌5分钟，直至面粉吸收完所有液体，形成黏稠的面团。加入切成小块的黄油，转为快速继续搅拌10分钟，直至面团变得柔软且光滑。将面团滚圆。

基础发酵

- 面团盖上湿的厨房巾，在室温下发酵30分钟。

分割和整形

- 将面团分割成8份生坯，每份重约80克。先滚圆，盖上湿的厨房巾，在室温下静置松弛15分钟。
- 将生坯先预整形为长棍状，最终整形为长12厘米的小面包。放在长38厘米、宽30厘米的烤盘上。

最终发酵

- 在25℃的发酵箱里发酵1小时30分钟。

烘烤

- 风炉预热至180℃。给生坯刷上色的蛋液，剪出锯齿状的花纹。入炉，温度降至160℃，烘烤约12分钟。
- 出炉后，放在烤架上排湿和冷却。

覆盆子丹麦面包

Danish framboise

难度： ♔

准备： 15分钟 · **发酵：** 1小时45分钟 · **烘烤：** 12分钟

食材（可制作8个丹麦面包）

约680克牛奶面包面团（做法详见左侧）
100克软化黄油 · 100克糖 · 1个全蛋液
2盒新鲜覆盆子 · 30克开心果碎
用于涂抹模具的软化黄油

分割和整形

- 将牛奶面包面团分割成8份生坯，每份重约80克。滚圆，但不要收太紧，盖上湿的厨房巾，在室温下静置松弛15分钟。
- 将生坯擀压成直径为10厘米的圆片。将直径10厘米的挞圈内壁涂抹好黄油，放在长38厘米、宽30厘米的烤盘上，并预先铺好烘焙油纸。最后将圆片填入挞圈内。

最终发酵

- 在25℃的发酵箱里发酵1小时30分钟。

黄油糖馅和烘烤

- 风炉预热至180℃。为圆片刷一层上色的蛋液，随后轻微按压中间，形成一个浅浅的凹处。
- 黄油加糖打发至颜色变浅，装入不带花嘴的裱花袋内，挤在圆片的凹处，并留出边缘2厘米。
- 入炉，温度降至160℃，烘烤约12分钟。
- 出炉后，脱去挞圈，在烤架上排湿和冷却。最后装饰上新鲜的覆盆子和开心果碎。

圣杰尼克斯布里欧修

Brioche de Saint-Genix

难度：

提前1天 准备： 12～15分钟 · **发酵：** 30分钟 · **冷藏：** 12小时
制作当天 准备： 40分钟 · **发酵：** 3小时30分钟 · **烘烤：** 35分钟

食材（可制作3个布里欧修）

布里欧修面团

300克全蛋液 · 250克T45面粉 · 250克T55面粉 · 10克盐
40克糖 · 25克新鲜酵母 · 250克黄油

340克玫瑰果仁糖[1]

上色

1个全蛋+1个蛋黄（搅打均匀）

布里欧修面团（提前1天）

- 准备好一份无牛奶、无香草精的布里欧修面团（详见本书第204页）。

基础发酵（制作当天）

- 将布里欧修面团盖上湿的厨房巾，在室温下发酵30分钟。
- 用手将面团压平，加入一半的玫瑰果仁糖。进行一轮翻面，盖上湿的厨房巾，在室温下发酵30分钟。
- 再次压平面团，加入剩下的玫瑰果仁糖。进行一轮翻面，盖上湿的厨房巾，在室温下发酵30分钟。

分割和整形

- 将面团分割成3份生坯，每份重约480克。滚圆，放在2个长38厘米、宽30厘米的烤盘上，并预先铺好烘焙油纸。

最终发酵

- 在28℃的发酵箱里发酵2小时（详见本书第54页）。

烘烤

- 风炉预热至160℃。
- 在3份生坯的表面轻柔地刷上蛋液。将2个烤盘入炉，温度降至140℃，烘烤35分钟。

[1] 源自19世纪的法国里昂特产。粉色，裹着焦糖的坚果，通常是榛子或者杏仁。

咕咕霍夫

Kouglof

难度：

这款维也纳面包需要提前4天制作鲁邦液种。

提前2天　浸泡：24小时

提前1天　准备：12～15分钟 · **发酵：**30分钟 · **冷藏：**12～24小时

制作当天　发酵：2小时 · **烘烤：**50分钟

食材（可制作3个咕咕霍夫）

50克鲁邦液种

浸泡液

180克葡萄干 · 30克朗姆酒

面团

90克全蛋液 · 70克蛋黄液 · 40克牛奶

290克T45面粉 · 15克新鲜酵母 · 6克盐

70克糖 · 250克冷黄油

用于涂抹模具的软化黄油 · 完整的杏仁颗粒

糖浆

1千克水+500克糖（煮至沸腾）

完成

清黄油 · 糖粉

鲁邦液种（提前4天制作）

- 准备好一份鲁邦液种（详见本书第33页）。

浸泡液（提前2天）

- 将葡萄干浸泡在朗姆酒里至少24小时。

搅拌（提前1天）

- 在面缸里放入全蛋液、蛋黄液、牛奶、鲁邦液种，然后加入面粉、新鲜酵母、盐和糖。搅拌至面团不粘缸壁时加入切成小块的黄油，操作与布里欧修面团一致（详见本书第204页）。最后以慢速加入葡萄干，直至它们被充分混合到面团里。

基础发酵

- 面团留在面缸里，盖上保鲜膜，发酵30分钟。
- 在撒有少许面粉的工作台面上，进行一轮翻面。将面团装进带盖的容器里，放入冰箱冷藏12～24小时。

分割和整形（制作当天）

- 取3个直径为13厘米的咕咕霍夫模具，内部涂抹大量的黄油，并在底部摆放上杏仁颗粒。将面团分割成3份生坯，每份重约360克。滚圆，中间抠空，翻转放入模具，接口处朝上。

最终发酵

- 在25～28℃的发酵箱里发酵2小时（详见本书第54页）。

烘烤

- 风炉预热至180℃，烤箱中层放1个长38厘米、宽30厘米的烤盘。模具放在烤盘上，温度降至145℃，烘烤50分钟。
- 出炉后，脱模。将咕咕霍夫浸在糖浆里，取出后涂抹大量融化的清黄油。放在烤架上待其冷却，最后撒上糖粉做装饰。

巴布卡

Babka

难度：

提前1天　准备： 7～9分钟 · **冷藏：** 12～24小时
制作当天　准备： 30分钟 · **发酵：** 1小时30分钟～2小时 · **烘烤：** 30分钟

食材（可制作2个巴布卡）

210克水 · 50克全蛋液 · 500克T55面粉 · 60克黄油 · 9克盐
40克新鲜酵母 · 50克糖 · 25克奶粉 · 2克香草精

内馅

20克黄油 · 120克黑糖[1] · 11克肉桂粉 · 10克T55面粉

最后工序

1个打散的鸡蛋 · 50克水+65克糖（煮至沸腾）

用于涂抹模具的软化黄油

来自东欧的布里欧修

起源于东欧，具体可追溯至波兰地区的巴布卡，在犹太人的厨房里也可觅得其踪迹，只是被唤做另一个名字：kranz。这款使人联想起祖母百褶裙的辫状布里欧修，由发酵的面团制成，内馅能变出千般花样：巧克力，帕里尼，干果，蓝莓，柠檬，柑橘果酱等。

[1] 与赤砂糖同为甜菜炼糖的产物。甜菜汁熬煮两次得到黑糖，一次得到赤砂糖。前者颜色更深，且带有焦糖风味。后者颜色更浅，味道没有那么强烈。

搅拌（提前1天）

- 在面缸里放入水、全蛋液、面粉、黄油、盐、新鲜酵母、糖、奶粉和香草精。以慢速搅拌2～3分钟，随后转为中速继续搅拌5～6分钟。从面缸里取出面团，滚成紧实的球状。放入带盖的容器内，放入冰箱冷藏12～24小时。

内馅（制作当天）

- 在碗里用指尖混合黄油、黑糖、肉桂粉和面粉，直到形成砂砾状质地。盖上保鲜膜，放入冰箱冷藏。

分割和整形

- 在撒好面粉的工作台面上，用擀面杖将面团擀压为长50厘米、宽30厘米、厚4毫米左右的长方形（图1）。用水微微打湿表面，然后均匀地撒上内馅（图2）。
- 将面团沿长边卷起，制成紧实的长约50厘米的棍状。先用一把长刀沿长边对半切开（图3），再横向对半切开，最终得到4根长25厘米的长条。取两根长条编织成麻花状（图4），放入一个预先涂抹了黄油的磅蛋糕模具内，尺寸为长25厘米、宽8厘米、高8厘米。剩下的两根长条如法炮制，放入另外一个预先涂抹了黄油的磅蛋糕模具内。

最终发酵

- 盖上湿的厨房巾，在室温下发酵1小时30分钟～2小时。

烘烤

- 风炉预热至180℃。
- 取一把刷子，在布里欧修表面刷一层上色的蛋液。入炉，模具放在中层。温度降至150℃，烘烤30分钟。
- 出炉后，用刷子刷上糖浆，留在模具内冷却4～5分钟后再脱模，放在烤架上。

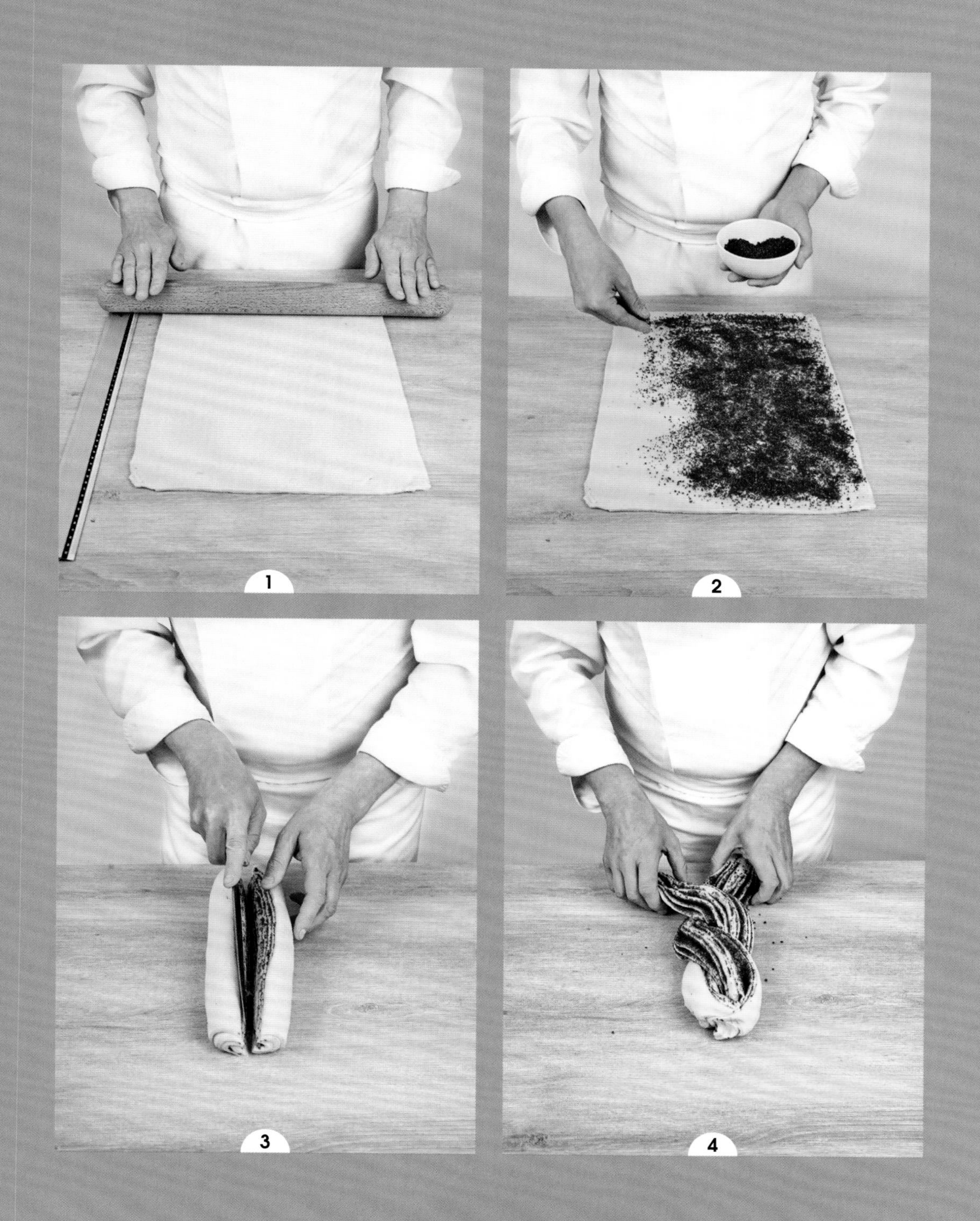
1
2
3
4

史多伦

Stollen

难度：

准备： 40分钟 · **发酵：** 3小时50分钟 · **烘烤：** 25分钟

食材（可制作2个史多伦）

种面

60克牛奶 · 18克新鲜酵母 · 80克T45面粉 · 22克生杏仁膏

搅拌

50克全蛋液 · 50克牛奶 · 170克T45面粉 · 4克盐 · 30克糖 · 105克冷黄油
60克切成小丁的糖渍橙皮 · 30克切成小丁的糖渍柠檬皮 · 30克切成小丁的啤梨干
60克蔓越莓干 · 60克去皮的完整杏仁颗粒 · 30克去皮的开心果 · 120克杏仁膏

最后工序

融化的黄油 · 糖粉

种面

- 在面缸里放入牛奶、新鲜酵母、面粉和生杏仁膏，以慢速搅拌3分钟。制成的面团放入碗中，盖上保鲜膜，在室温下发酵1小时，体积应膨胀1倍。

搅拌

- 将种面倒回面缸里，然后加入全蛋液、牛奶、面粉、盐和糖。以慢速搅拌4分钟，随后转为快速继续搅拌至面团不粘缸壁。加入切成小块的黄油，搅拌至面团吸收完毕黄油，再次不粘缸壁。
- 以慢速加入所有坚果和果干，直至与面团混合均匀。

基础发酵

- 将制成的面团装进带盖的容器里，放入冰箱冷藏发酵1小时。

分割和整形

- 将面团分割成2份生坯，每份重约430克。滚圆，盖上湿的厨房巾，静置松弛20分钟。
- 将杏仁膏整形成长40厘米的短棍，再对半切开。
- 将每份生坯整形为长25厘米的长棍状（详见本书第42～43页），轻微压平，在每份生坯中间放上一根杏仁膏，并用生坯裹住。
- 生坯接口处朝下，放在长38厘米、宽30厘米的烤盘上，并预先铺好烘焙油纸。

最终发酵

- 在25℃的发酵箱里发酵1小时30分钟（详见本书第54页）。

烘烤

- 风炉预热至180℃。入炉，烤盘放在中层。温度降至150℃，烘烤25分钟。
- 出炉后，刷上融化的黄油，并撒上糖粉。

LE CORDON BLEU®
PARIS - 1895
LE CORDO
LE CORDON BLEU®
PARIS - 1895

潘娜托尼

Panettone

难度： ♔♔

这款维也纳面包需要提前4天制作鲁邦硬种。

提前1天　准备： 15分钟 · **发酵：** 12～16小时
制作当天　准备： 40分钟
发酵： 5小时45分钟～7小时45分钟
烘烤： 40分钟 · **冷却：** 12小时

食材（可制作2个潘娜托尼）

70克鲁邦硬种

鲁邦种
80克23℃的水 · 200克T45精细白面粉
110克蛋黄液 · 75克糖 · 100克软化黄油

搅拌
75克T45精细白面粉 · 10克水 · 18克糖
25克蜂蜜 · 45克黄油
½根香草荚（剖开并刮出籽）
橙子、柠檬和橘子的皮屑
36克蛋黄液 · 6克盐 · 10克水
300克切成小丁的糖渍水果

杏仁面糊
100克蛋清 · 35克糖 · 100克杏仁粉
15克T45精细白面粉 · 20克柠檬汁 · 3克柠檬皮屑

糖粉
用于涂抹容器的软化黄油

鲁邦硬种（提前4天制作）

- 准备好一份鲁邦硬种（详见本书第34页）。

鲁邦种（提前1天）

- 在面缸里放入鲁邦硬种、水、面粉、1/3的蛋黄液，快速搅拌8分钟，然后加入剩余的蛋黄液、糖和黄油，继续搅拌7分钟。滚圆，放入一个预先涂抹了黄油的大号带盖容器内，在28℃的发酵箱里发酵12～16小时（详见本书第54页）。发酵后面团的体积应膨胀5倍。

搅拌和基础发酵（制作当天）

- 搅拌前1小时取出提前制作好的鲁邦种。放入面缸里，以慢速搅拌至面团不粘缸壁。加入面粉和水，继续以慢速搅拌5分钟。保持慢速再依次加入剩余的材料，最后将制成的面团放入带盖的容器内。
- 在28℃的发酵箱里发酵1小时（详见本书第54页）。

分割和整形

- 将面团分割成2份生坯，每份重约580克。盖上湿的厨房巾，放在工作台面上静置松弛45分钟。滚圆。放入两个纸质的大号潘娜托尼模具内，直径为16厘米，高为12厘米。

最终发酵

- 在28℃的发酵箱里发酵4～6小时（详见本书第54页）。

杏仁面糊

- 用蛋抽搅拌蛋清和糖，加入杏仁粉、面粉，混合均匀。最后加入柠檬汁和柠檬皮屑。装入不带花嘴的裱花袋内，在生坯表面挤出螺旋状花纹。

烘烤

- 风炉预热至180℃，每份生坯表面筛上大量的糖粉，吸收完毕后再筛一次。入炉，放在烤箱底部，温度降至145℃，烘烤约40分钟。
- 出炉后，用大号木头签子刺穿帕娜托尼的纸模，再将其倒挂（预防因自身重量而坍塌）冷却12小时。

焦糖啤梨挞缀翻砂碧根果

Tarte aux poires caramélisées et noixde pécan sablées

难度： ⌂

提前1天　准备： 12～15分钟 · **发酵：** 30分钟 · **冷藏：** 12小时
制作当天　准备： 20～30分钟 · **发酵：** 1小时30分钟 · **烹饪：** 40～45分钟

食材（可制作1个挞）

600克布里欧修面团

蜂蜜焦糖啤梨
100克蜂蜜 · 20克厚奶油 · 500克啤梨

翻砂碧根果
60克水 · 80克糖 · 100克碧根果

装饰
糖粉

布里欧修面团（提前1天）

- 准备好布里欧修面团（详见本书第204页）。

分割和整形（制作当天）

- 取出布里欧修面团，滚圆。然后用擀面杖擀压成一块直径为26厘米的圆片，放入同样尺寸的挞圈内。

最终发酵

- 在25℃的发酵箱里发酵1小时30分钟（详见本书第54页）。

蜂蜜焦糖啤梨

- 取1个平底锅，中火将蜂蜜化至漂亮的焦糖琥珀色。同时另取1个锅加热厚奶油，随后将其倒入焦糖蜂蜜锅里，搅拌至焦糖融化。再加入去皮且切成小方块的啤梨，熬煮几分钟，但无需浓缩成果泥。最后将混合物全部倒进碗里，在室温下冷却。

翻砂碧根果

- 用小锅将糖和水加热至120℃。加入碧根果，用硅胶刮刀不停搅拌至碧根果翻砂。碧根果表面先是裹上光亮的糖浆，随着持续搅拌，糖浆会转化为白色颗粒状的结晶，此为翻砂，也称呼为挂霜。将其倒在一张烘焙油纸上冷却。

烘烤

- 风炉预热至160℃。
- 将蜂蜜焦糖啤梨填充进挞里，留出边缘1厘米的范围。摆放翻砂碧根果，用叉子给挞底戳洞。入炉，放在中层。温度降至145℃，烘烤20～25分钟。
- 出炉后，放在烤架上冷却。最后在挞的边缘撒上糖粉作为装饰。

布雷斯甜面包

Tarte bressane

难度： ♔

提前1天 **准备：**23分钟 · **发酵：**25分钟 · **冷藏：**12小时

制作当天 **发酵：**1小时45分钟 · **烘烤：**15分钟

食材（可制作4个甜面包）

布里欧修面团

100克全蛋液 · 6克新鲜酵母 · 150克T45面粉

15克糖 · 3克盐 · 70克冷黄油

内馅

80克新鲜厚奶油（乳脂含量30%）· 40克黄砂糖

上色

1个全蛋+1个蛋黄（搅打均匀）

布里欧修面团（提前1天）

- 在面缸里放入全蛋液、新鲜酵母、面粉、糖和盐。以慢速搅拌5分钟，随后转为中速继续搅拌8分钟。
- 检查是否形成麸质网状结构，随后加入切成小块的冷黄油，以慢速搅拌10分钟直至面团不粘缸壁。
- 从面缸里取出面团，盖上干的厨房巾，在室温下发酵25分钟。
- 进行一轮翻面，装进带盖的容器里，放入冰箱冷藏过夜。

分割和整形（制作当天）

- 将面团分割成4份生坯，每份重约85克。先滚圆，盖上干的厨房巾，静置松弛15分钟，再用擀面杖将每份生坯擀压成直径为13厘米的圆片。

最终发酵

- 将生坯圆片放在2个长38厘米、宽30厘米的烤盘上，并预先铺好烘焙油纸。在生坯表面刷一层上色的蛋液，在28℃的发酵箱里发酵1小时30分（详见本书第54页）。

内馅

- 用一根手指在每个圆片里戳出5个洞，然后用小勺子或者不带花嘴的裱花袋往洞里填入新鲜厚奶油，再撒上黄砂糖。

烘烤

- 风炉预热至180℃。入炉，温度降至160℃，烘烤15分钟直至面包上色成金黄色且内馅融化。
- 出炉后，放在烤架上排湿和冷却。

油渣脆皮面包

Pompe aux grattons

难度：

提前1天　准备：12～15分钟 · **发酵：**30分钟 · **冷藏：**12～24小时
制作当天　发酵：2小时20分钟 · **烘烤：**35分钟

食材（可制作1个脆皮面包）

布里欧修面团

150克全蛋液 · 125克T45面粉 · 125克T55面粉 · 4克盐
20克糖 · 10克新鲜酵母 · 75克黄油 · 125克猪油渣

上色

1个全蛋+1个蛋黄（搅打均匀）

布里欧修面团（提前1天）

- 准备好1份无牛奶、无香草精的布里欧修面团（详见本书第204页）。在搅拌的尾声，以慢速加入猪油渣，直至与面团混合均匀。

基础发酵

- 将面团放入带盖的容器内，在室温下发酵30分钟。
- 进行一轮发面，放入冰箱冷藏12～24小时。

整形（制作当天）

- 将面团滚圆后，放在长38厘米、宽30厘米的烤盘上，并预先铺好烘焙油纸。盖上湿的厨房巾，在室温下静置松弛20分钟。
- 将生坯中心抠空，整形为一个直径为25厘米的皇冠，表面刷一层上色的蛋液。

最终发酵

- 在25℃的发酵箱里发酵2小时（详见本书第54页）。

烘烤

- 风炉预热至180℃。
- 轻柔地刷上第二层蛋液。取一把剪刀浸在水里，然后沿皇冠的边缘，上下反复剪出锯齿状花纹。入炉，烤盘放在中层，温度降至150℃，烘烤35分钟。
- 出炉后，放在烤架上排湿和冷却。

朗德面包

Pastis landais

难度： ♡

提前2天　准备： 10分钟 · **发酵：** 30分钟 · **冷藏：** 12小时
提前1天　准备： 15～17分钟 · **发酵：** 25分钟 · **冷藏：** 12小时
制作当天　发酵： 1小时30分钟 · **烘烤：** 12～15分钟

食材（可制作10个朗德面包）

糖浆

16克水 · 6克盐 · 50克糖 · ½个柠檬的皮屑
½个橙子的皮屑 · 14克柑曼怡白兰地
14克朗姆酒 · 14克君度橙酒 · 32克橙花水

老面

115克老面

搅拌

140克全蛋液 · 257克T45面粉 · 77克黄油
用于涂抹容器的葵花籽油和黄油

上色和装饰

1个打散的鸡蛋 · 珍珠糖

糖浆（提前2天）

- 在锅里倒入水、盐和糖，煮至微沸，加进柠檬和橙子的皮屑、柑曼怡白兰地、朗姆酒、君度橙酒和橙花水。煮沸，然后倒入一个碗中，待其冷却。盖上保鲜膜，在室温下浸泡一晚，萃取出食材的香气。

老面（提前2天）

- 准备好老面，放入冰箱冷藏至隔日使用（详见本书第31页）。

搅拌（提前1天）

- 在面缸里放入全蛋液、切成小块的老面、糖浆、面粉和黄油。以慢速搅拌5分钟，随后转为快速继续搅拌10～12分钟，直至面团不粘缸壁。
- 将面团置于工作台面上，进行两轮翻面，然后放入预先涂抹了葵花籽油的容器内，盖上保鲜膜。

基础发酵

- 在室温下发酵25分钟，然后放入冰箱冷藏过夜。

分割和整形（制作当天）

- 将面团分割成10份生坯，每份重约70克。滚成足够紧实的球状，然后放入10个直径为7～8厘米的布里欧修专用凹槽模具内，且内部预先涂抹黄油。

最终发酵

- 模具放在长38厘米、宽30厘米的烤盘上。在28℃的发酵箱里发酵1小时30分钟（详见本书第54页）。

烘烤

- 风炉预热至180℃。
- 表面轻柔地刷一层上色的蛋液，注意不要让多余的蛋液流到模具壁上。撒上珍珠糖，入炉，烤盘放在中层，温度降至160℃，烘烤12～15分钟。
- 出炉后，脱模，放在烤架上排湿和冷却。

布里欧修国王饼

Galette des Rois briochée

难度：

提前1天　准备： 20分钟 · **发酵：** 1小时30分钟 · **冷藏：** 12小时
制作当天　准备： 15分钟 · **发酵：** 2小时20分钟 · **烘烤：** 20分钟

食材（可制作2个国王饼）

种面
63克T45面粉 · 38克全脂牛奶 · 3克新鲜酵母

糖浆
75克黄油 · 63克糖 · 25克水
13克君度橙酒 · 7克香草精

搅拌
80克全蛋液 · 187克T45面粉 · 5克新鲜酵母
5克盐 · 100克切成小丁的糖渍水果

上色
1个全蛋+1个蛋黄（搅打均匀）

装饰
2粒蚕豆 · 杏桃果胶 · 珍珠糖 · 115克糖渍水果

种面（提前1天）

- 在碗里用刮刀混合面粉、牛奶和新鲜酵母。盖上保鲜膜，在室温下放置1小时。

糖浆

- 在小锅里融化黄油，再加入糖、水、君度橙酒和香草精。盖上保鲜膜，在室温下放置备用。

搅拌

- 在面缸里倒入一半的糖浆（约60克）、全蛋液、种面、面粉、新鲜酵母和盐。以慢速搅拌4分钟，随后转为快速继续搅拌至面团不粘缸壁。加入作为后水的剩余糖浆，搅拌至面团再次不粘缸壁。最后以慢速加入糖渍水果，直至与面团混合均匀。

基础发酵

- 将面团装入容器内，盖上保鲜膜，发酵30分钟，随后放入冰箱冷藏过夜。

分割和整形（制作当天）

- 取出面团，分割成2份生坯，每份重约330克。滚圆，盖上湿的厨房巾，在室温下静置松弛20分钟。
- 用大拇指将球中间掏空，整形为2个直径为18厘米的皇冠。放在2个长38厘米、宽30厘米的烤盘上，并预先铺好烘焙油纸。

最终发酵

- 在25℃的发酵箱里发酵2小时（详见本书第54页）。

烘烤

- 风炉预热至145℃。为皇冠表面刷上蛋液，入炉烘烤20分钟。出炉后，放在烤架上排湿和冷却。最后用小刀的刀尖刺破皇冠底部，塞进去一粒蚕豆。

完成

- 将杏桃果胶加热至温热，用刷子蘸取，刷遍皇冠的表面。
- 一只手拿起面包，另一只手拿起一些珍珠糖，将珍珠糖粘在皇冠的边缘。最后在表面摆放糖渍水果作为装饰。

诺曼底的惊喜

Surprise normande

难度：

提前1天　准备：12～15分钟 · **发酵：**30分钟 · **冷藏：**12～24小时

制作当天　准备：40分钟 · **发酵：**3小时 · **冷藏：**1小时 · **烘烤：**1小时

器具

6个直径为4厘米的锥形硅胶模具（用于制作焦糖）

6个边长为6厘米的带盖正方体模具（用于制作布里欧修）· 烘焙用温度计

食材（可制作6个诺曼底的惊喜）

布里欧修面团

270克布里欧修面团

苹果薄脆片

1个小号苹果 · 糖粉

焦糖

125克糖 · 125克淡奶油 · 50克黄油 · 1根香草荚 · ½根肉桂 · 2克盐之花

浸泡糖浆

500克水 · 100克糖 · 1根香草荚 · 1根肉桂 · 50克卡尔瓦多斯白兰地

糖炖苹果

6个小号的皇家加拉苹果

用于涂抹模具的软化黄油

主厨小贴士：焦糖夹心在塞进布里欧修之前，应放入冰箱充分冻硬。糖浆请预先制作，提前1天尤佳，这样能充分萃取出辛香料的风味，在炖煮的过程里赋予苹果更多的香气。

布里欧修面团（提前1天）

- 准备好布里欧修面团（详见本书第204页）。

苹果薄脆片（制作当天）

- 风炉预热至90℃。用蔬果切片器将苹果刨出薄片，放在预先铺好烘焙油纸的烤盘上，撒上糖粉（图1），入炉烘烤约45分钟。

焦糖

- 用锅无水干熬焦糖，中火将糖熬出漂亮的琥珀色。同时加热淡奶油，然后将热的淡奶油冲进焦糖里（图2），搅拌至融化。加入从剖开的香草荚中刮取出的香草籽、黄油、肉桂和盐之花，取烘焙用温度计测量，煮至112℃。往每个锥形硅胶模具内倒入20克焦糖，放入冰箱冷冻。

分割和整形

- 将布里欧修面团分割成6份生坯，每份重45克。滚圆，放在一个预先铺好烘焙油纸的烤盘上，盖上保鲜膜，放入冰箱冷藏至少1小时。

浸泡糖浆

- 取一个大锅，倒入水、糖、肉桂、香草荚和从中刮取出的香草籽，煮至沸腾。加入卡尔瓦多斯白兰地，备用。

糖炖苹果

- 苹果去皮、去核。每个苹果切成1个边长为4厘米的方块，放入浸泡糖浆里（图3）。盖上烘焙油纸和盖子，炖煮5分钟。取出苹果方块，在厨房纸上沥干水分，待其冷却。

整形

- 用擀面杖将生坯擀压成直径为10厘米的圆片，然后将苹果方块（图4）包在圆片里，像钱袋一样收紧。生坯接口处朝下地放入涂有黄油的布里欧修模具中，底部预先铺好一张正方形的烘焙油纸（图5）。盖上盖子，放在长38厘米、宽30厘米的烤盘上。

最终发酵

- 在28℃的发酵箱里发酵3小时（详见本书第54页）。

烘烤

- 风炉预热至160℃。
- 入炉，烤盘放在中层，烘烤14分钟。
- 出炉后，放在烤架上，待其冷却。将冰冻定形好的焦糖夹心塞进面包中间的糖炖苹果里（图6），最后在边缘撒上糖粉，旁边插上一块苹果薄脆片作为装饰。

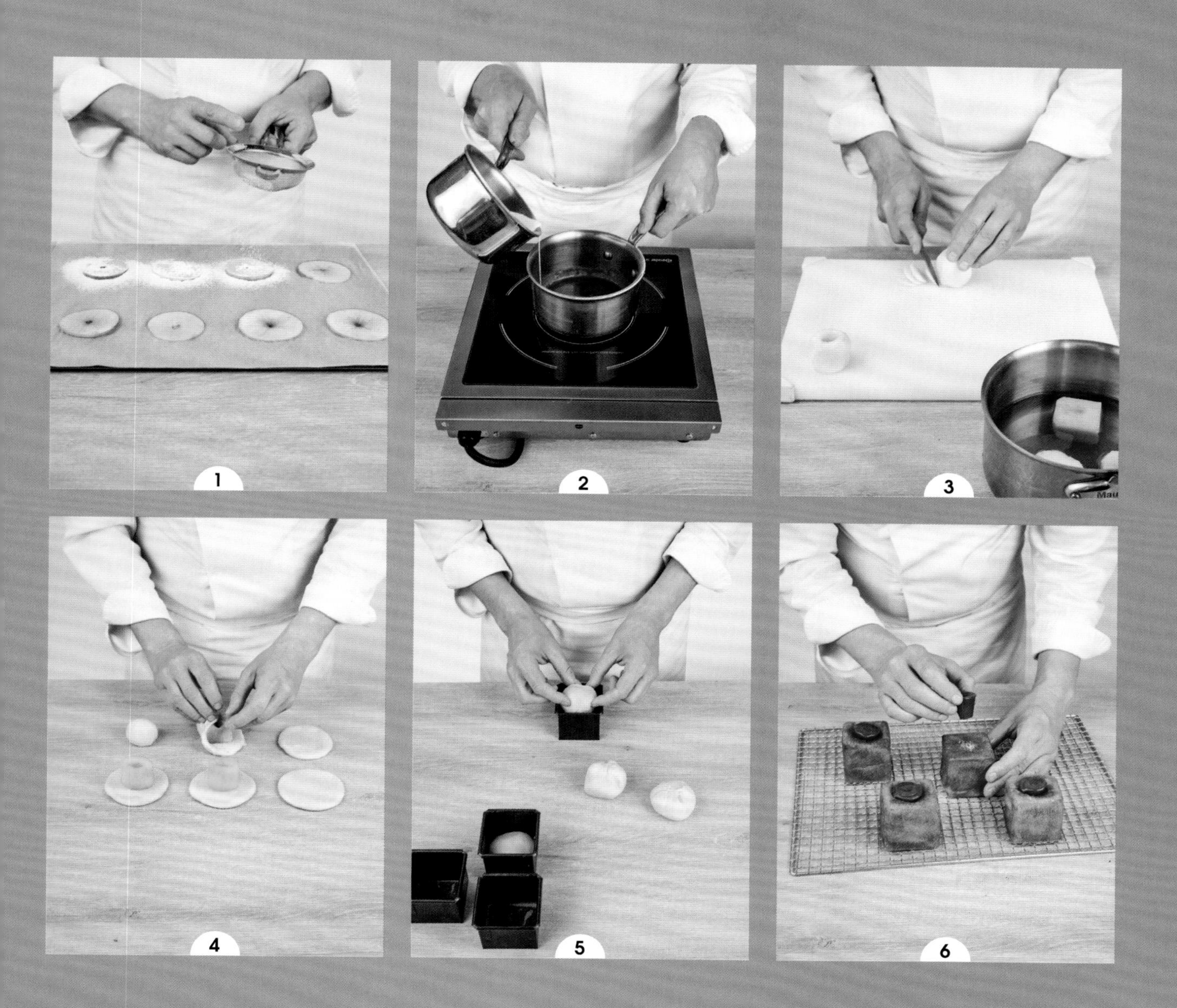
1
2
3
4
5
6

我的覆盆子泡芙

Mon chou framboise

难度： ☆☆☆

提前1天　准备： 约35分钟 · **发酵：** 30分钟 · **冷藏：** 12～24小时

制作当天　准备： 20分钟 · **冷冻：** 30分钟 · **发酵：** 2小时 · **烘烤：** 50分钟

器具

2个直径分别为3厘米和9厘米的切模 · 直径为4厘米的硅胶模具

6个直径为10厘米的小号挞圈

食材（可制作6个泡芙）

原味和红色布里欧修面团

650克布里欧修面团 · 1刀尖红色色素

酥皮

10克软化的黄油 · 1小搓盐之花 · 13克黄砂糖 · 13克T45面粉 · 1刀尖红色色素

泡芙面糊

62克水 · 1小搓盐 · 1小搓糖 · 28克黄油 · 35克T45面粉 · 60克全蛋液

巧克力布朗尼

38克牛奶巧克力 · 38克黄油 · 25克全蛋液 · 42克糖 · 15克T45面粉

覆盆子奶油

62克淡奶油 · 62克覆盆子果酱 · 25克糖 · 25克蛋黄液

10克玉米淀粉 · ½瓶盖覆盆子酒

上色

1个全蛋+1个蛋黄（搅打均匀）

糖浆

100克水+130克糖（煮至沸腾）

用于涂抹模具的软化黄油

原味和红色布里欧修面团（提前1天）

- 准备好布里欧修面团（详见本书第204页）。
- 在将布里欧修面团放入冰箱冷藏前，先分出250克，放进装有桨叶的厨师机面缸里，加入红色色素，搅拌至面团颜色均匀。滚圆（图1），盖上保鲜膜，放入冰箱冷藏12～24小时。

酥皮

- 在装有桨叶的面缸里，将切成小块的黄油、盐之花、黄砂糖、面粉和红色色素搅拌混合，直至得到质地均匀的红色面团。滚圆，然后夹在2张烘焙油纸之间擀至约2毫米的厚度，放入冰箱冷藏（图2）。

泡芙面糊

- 锅里倒入水、盐、糖和黄油，煮至沸腾。离火，加入面粉，用刮刀不停搅拌至得到光滑且浓稠的面糊。放回火上，继续搅拌，挥发掉面糊的水分。
- 待面糊降至温热后，一点点加入打散的全蛋液，搅拌均匀。最终制成的面糊应具有浓稠的质地，在刮刀上垂落时，呈现出V字的形状。将面糊装入配有10号圆头花嘴的裱花袋内，放入冰箱冷藏过夜。泡芙面糊可即做即用，也可以置于冰箱冷藏，隔日再用。

制作当天

- 风炉预热至200℃。
- 持裱花袋在一个预先铺好烘焙油纸，长38厘米、宽30厘米的烤盘上挤出直径为3厘米的泡芙。再用切模割出和泡芙直径一致的酥皮圆片，分别盖在泡芙表面（图3）。入炉烘烤30分钟，出炉后放在烤架上排湿和冷却。

巧克力布朗尼

- 风炉预热至170℃。
- 取一个碗，隔水融化巧克力和黄油。用蛋抽将全蛋液和糖微微打发至颜色变浅，再加入面粉。将这两种混合物搅匀，然后往每个硅胶模具内倒入20克（图4）。入炉，烘烤8分钟。

覆盆子奶油

- 在锅中煮沸淡奶油和覆盆子果酱。另取一个盆，用蛋抽将蛋黄液和糖打发至颜色变浅，再加入玉米淀粉。将锅中1/3的热液体倒入盆里搅匀。接着将盆里所有的混合物倒回锅里，边搅拌边煮至浓稠。离火，加入覆盆子酒。装进碗里，保鲜膜贴面覆盖，放入冰箱冷藏。

整形

- 将400克原味布里欧修面团分割成2份生坯，一份重250克，另一份重150克。将250克原味生坯和之前预留的250克红色生坯分别擀压成厚度为2毫米的长方形，且尺寸一致。打湿原味长方形，将红色长方形叠在上方（图5）。放在烤盘上，放入冰箱冷冻15分钟，然后再次擀压至约3毫米的厚度，放回冰箱冷冻15分钟。
- 取出双色长方形生坯，用直径为3厘米的切模割出54块同样尺寸的圆片（图6），放在一个预先铺好保鲜膜，长38厘米、宽30厘米的烤盘上，放入冰箱冷藏。
- 将150克的原味布里欧修生坯擀压至1.5毫米厚度，用叉子叉洞，放在烤盘上，放入冰箱冷冻冻硬，再用直径为9厘米的切模割出6块同样尺寸的圆片。将圆片放在长38厘米、宽30厘米的烤盘上，且预先铺好烘焙油纸。随后给圆片套上预先在内壁涂抹了黄油的挞圈。用水微微打湿圆片表面，再将9块直径为3厘米的双色圆片交错着围在边缘（图7）。

最终发酵

- 在25℃的发酵箱里发酵2小时（详见本书第54页）。

烘烤

- 风炉预热至145℃。
- 取出烤盘，在每个挞圈的中间塞入一块布朗尼（图8）。
- 用蛋抽将覆盆子奶油打散，恢复光滑质地。装入带有8号圆头花嘴的裱花袋内，填充进6个泡芙内。在每块布朗尼上方放1个泡芙（图9），为整个作品刷一层上色的蛋液（除去泡芙），入炉烘烤12分钟。
- 出炉后，取走挞圈，刷上糖浆。回炉继续烘烤数分钟，将糖浆烘干。最后置于烤架上排湿和冷却。

1
2
3
4
5
6
7
8
9

巧克力椰子挞

Choco-coco

难度：

提前1天　准备：12～15分钟 · **发酵：**30分钟 · **冷藏：**12～24小时

制作当天　准备：40分钟 · **发酵：**2小时30分钟 · **烘烤：**17分钟

器具

6个直径为6厘米的夹心硅胶模具 · 6条长度为30.5厘米的浮雕花纹硅胶围边

6个直径为10厘米的小号挞圈

食材（可制作6个巧克力椰子挞）

布里欧修面团

270克布里欧修面团

椰子酱

140克椰子浆 · 60克椰子膏 · 16克玉米淀粉 · 18克马里布牌椰子朗姆酒

烟卷面糊

25克软化黄油 · 25克糖粉 · 25克蛋清 · 10克可可粉 · 25克T55面粉

椰子酥粒

30克T55面粉 · 25克黄油 · 25克红糖 · 25克椰蓉

上色

1个全蛋+1个蛋黄（搅打均匀）

巧克力淋面

65克淡奶油 · 11克蜂蜜 · 65克64%黑巧克力 · 11克黄油

布里欧修面团（提前1天）

- 准备好布里欧修面团（详见本书第204页）。

椰子酱（制作当天）

- 在小锅里将椰子浆和椰子膏煮至微沸。用1汤匙水混合均匀玉米淀粉，将此混合物倒入锅里，边用蛋抽搅拌边煮至沸腾。再加入椰子朗姆酒，继续搅匀。装入不带花嘴的裱花袋内，填充进夹心硅胶模具里（图1）。放入冰箱冷冻1小时或冻硬后取出。

烟卷面糊

- 在碗里用蛋抽将黄油和糖粉打发至颜色变浅。随后加入蛋清、可可粉和面粉，用刮刀搅拌至得到质地匀称的面糊。取1把小号刮刀将其填入浮雕花纹硅胶围边，并抹平整（图2），最后放入冰箱冷藏。

分割和整形

- 将布里欧修面团分割成6份生坯，每份重约45克。滚圆，放在长38厘米、宽30厘米的烤盘上，并预先铺好烘焙油纸（图3），放入冰箱冷藏约1小时。
- 用擀面杖将生坯擀压成直径为9厘米的圆片。
- 将挞圈放在长38厘米、宽30厘米的烤盘上，并预先铺好烘焙油纸。沿着内壁，贴上浮雕花纹硅胶围边，带花纹的那面朝里，随后在挞圈中间放上布里欧修圆片（图4）。

最终发酵

- 在25℃的发酵箱里发酵1小时30分（详见本书第54页）。

椰子酥粒

- 在装有桨叶的厨师机面缸里，混合面粉、黄油、红糖和椰蓉（图5），直至呈砂砾状质地。盖上保鲜膜，储存在冰箱冷藏备用。

烘烤

- 预热风炉至160℃。
- 为装在模具里的圆片刷一层上色的蛋液，撒上椰子酥粒。中间塞入冷冻的椰子酱夹心（图6、图7）。入炉，温度降至145℃，烘烤17分钟。
- 出炉后立刻脱模，小心撤去浮雕花纹硅胶围边。放在烤架上排湿和冷却。

巧克力淋面

- 将淡奶油和蜂蜜煮至微沸，倒在巧克力上面，再加入切成小块的黄油，搅拌至得到光滑的混合物（图8）。进行第二次称重，以确保淋面的分量达到150克。如果不够，请加入淡奶油补充。
- 每份布里欧修的中间部分浇上25克巧克力淋面（图9）。

1
2
3
4
5
6
7
8
9

可颂

Croissant

难度： ⚐⚐

提前1天　准备： 5分钟 · **发酵：** 12小时

制作当天　准备： 20分钟 · **发酵：** 2～3小时 · **烘烤：** 18分钟

食材（可制作6个可颂）

可颂面团

580克可颂面团（开酥方式自定）

上色

1个全蛋+1个蛋黄（搅打均匀）

开酥专用黄油

干黄油（beurre sec），别称开酥黄油（beurre de tourage），广泛运用于甜点和面包制作中。它含有至少84%的乳脂，质地比传统黄油更为坚固，更容易在温度较高的地方操作。同时，它还拥有极强的可塑性，有利于生坯的延展。基于这些优点，它是制作酥皮面团和维也纳面包时的首选。

可颂面团（提前1天）

- 准备好可颂面团（详见本书第206页）。

分割和整形

- 工作台面上轻撒面粉，用擀面杖将面团擀压成一块长35厘米、宽28厘米的长方形，厚度约为3.5毫米（图1）。
- 切出6块高26厘米、底宽为9厘米的三角形（图2、图3），然后从底部向尖端卷起（图4、图5）。

最终发酵

- 将可颂放在长38厘米、宽30厘米的烤盘上，并预先铺好烘焙油纸。刷一层上色的蛋液（图6）。在25℃的发酵箱里发酵2～3小时（详见本书第54页），直至可颂体积膨胀1倍；或者盖上干的厨房巾，在室温下发酵，直至可颂体积膨胀1倍。

烘烤

- 风炉预热至180℃，轻柔地刷上第二层蛋液（图8）。入炉，烤盘放在中层。温度降至165℃，烘烤18分钟（图9）。
- 出炉后，放在烤架上排湿和冷却。

主厨小贴士：可颂面团的边角料请不要丢弃。将其铺平，盖上保鲜膜，可置于冰箱冷冻里储存15天左右。它们能用于制作诸多点心，例如：翻转苹果挞之面包版（详见本书第296页），杏仁榛子小蛋糕（详见本书第298页）等。

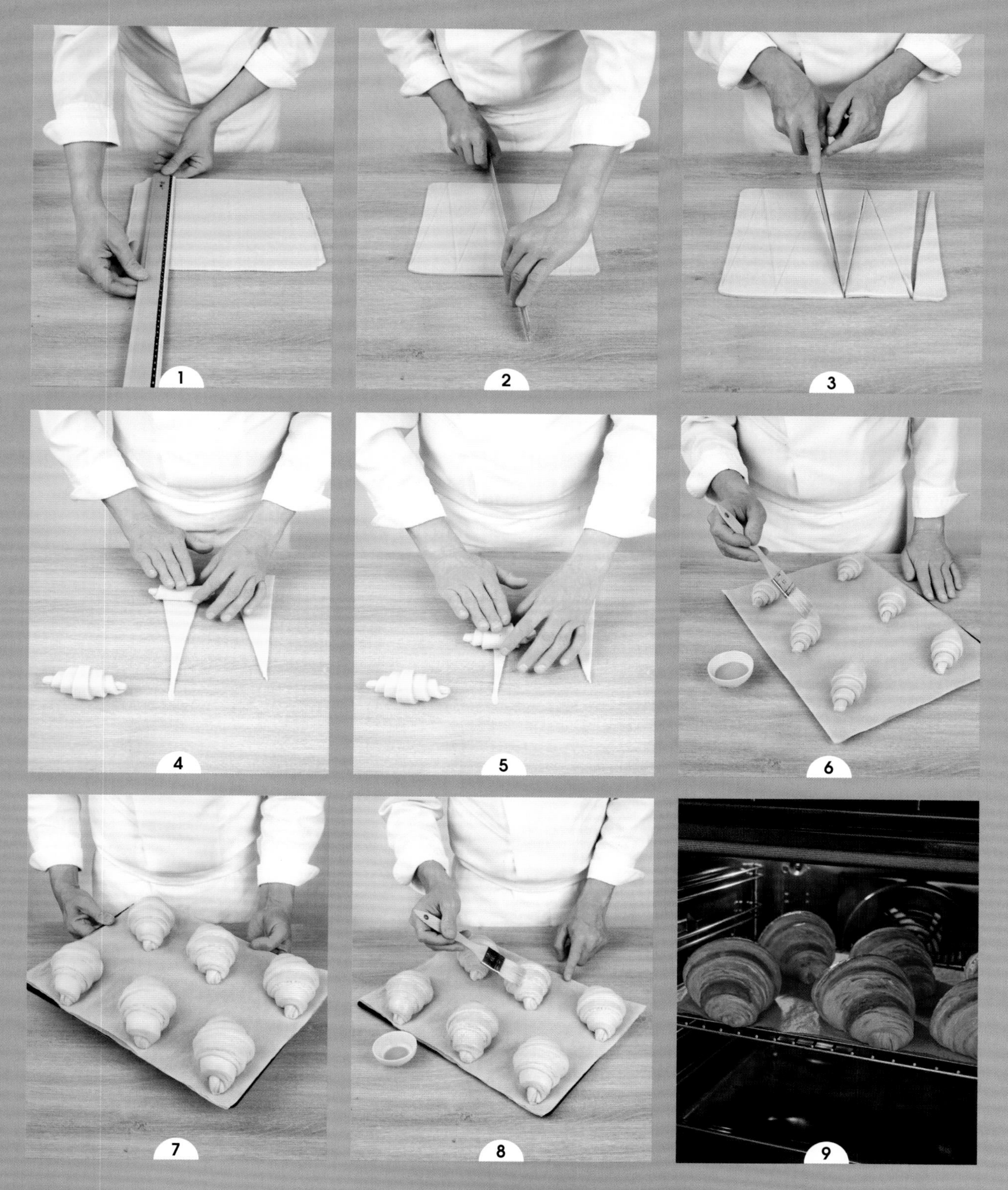
1
2
3
4
5
6
7
8
9

巧克力面包

Pain au chocolat

难度： ♡

提前1天　准备： 15分钟 · **发酵：** 12小时

制作当天　准备： 20分钟 · **发酵：** 2～3小时 · **烘烤：** 18分钟

食材（可制作6个巧克力面包）

可颂面团

450克可颂面团 · 12根巧克力棒

上色

1个全蛋+1个蛋黄（搅打均匀）

可颂面团（提前1天）

- 准备好一份进行了两次4折的可颂面团（详见本书第208页）

分割和整形（制作当天）

- 工作台面上轻撒面粉，用擀面杖将面团擀压成一块长35厘米、宽28厘米的长方形，厚度约为3.5毫米。
- 切割出6块长13厘米、宽8厘米的长方形。每块上面放2根巧克力棒，卷起来。

最终发酵

- 将巧克力面包放在长38厘米、宽30厘米的烤盘上，并预先铺好烘焙油纸。面包表面刷一层上色的蛋液。在25℃的发酵箱里发酵2～3小时（详见本书第54页），直至体积膨胀1倍；或者盖上干的厨房巾，在室温下发酵，直至体积膨胀1倍。

烘烤

- 风炉预热至180℃。
- 轻柔地刷上第二层蛋液。入炉，烤盘放在中层。温度降至165℃，烘烤18分钟。
- 出炉后，将巧克力面包放在烤架上排湿和冷却。

占度亚榛子双色巧克力面包

Pain au gianduja noisette bicolore

难度： 🍳🍳

提前1天　准备：15分钟 · **发酵：**12小时

制作当天　准备：45分钟 · **冷藏：**1小时 · **发酵：**2～3小时 · **烘烤：**18分钟

食材（可制作6个占度亚面包）

原味可颂面团

450克可颂面团

巧克力面团

110克可颂油皮（详见本书第206页）· 9克糖粉 · 9克可可粉 · 22克干黄油

占度亚薄脆夹心

15克牛奶巧克力 · 60克占度亚 · 25克榛子碎 · 40克薄脆片

糖浆

100克水+130克糖（煮至沸腾）

一道意式美味

占度亚（gianduja）的配方起源于19世纪，由意大利即兴艺术喜剧中一个极具特色的人物占·德拉度亚（Gioan d'la douja）而得名。它由巧克力和榛子酱组成，后者比例至少达到30%。而且依据传统，要以皮耶蒙地区（Piémont）的榛子制成。

可颂面团（提前1天）

- 准备好一份进行了两次4折的可颂面团（详见本书第208页）。

巧克力面团（制作当天）

- 在面缸里放入可颂油皮、糖粉、可可粉和干黄油。以慢速搅拌至得到质地均匀的面团。随后整形成一块边长为15厘米的正方形，盖上保鲜膜，放入冰箱冷藏至变硬（约1小时）。

占度亚薄脆夹心

- 隔水融化巧克力和占度亚。在装有榛子碎的碗里，倒进融化的巧克力和占度亚，用刮刀混合均匀，再加入薄脆片。全部混合物摊在工作台面上，塑成一根直径为1厘米的长棍。盖上保鲜膜，放入冰箱冷藏至变硬，然后切割成6根8厘米长的小棒。

组装

- 将可颂面团擀压成一块边长为15厘米的正方形，再用刷子沾水后微微打湿表面。
- 取巧克力面团叠加在可颂面团上方，一起擀压成一块长35厘米、宽28厘米、厚3.5毫米左右的长方形。用美工刀、小刀或者钢尺在巧克力层割出规律的斜线（图1）。放入冰箱冷藏至变硬，取出后在工作台面上小心地翻转面团，使巧克力层朝下。
- 切出6块长13厘米、宽8厘米的长方形（图2）。每块上面放1根占度亚薄脆夹心小棒（图3），卷起来（图4）。随后放在长38厘米、宽30厘米的烤盘上，并预先铺好烘焙油纸。

最终发酵

- 在25℃的发酵箱里发酵2～3小时（详见本书第54页）。

烘烤

- 风炉预热至180℃。
- 入炉，烤盘放在中层，温度降至165℃，烘烤18分钟。
- 出炉后放在烤架上，刷上糖浆。

1
2
3
4

葡萄干面包

Pain aux raisins

难度：

提前1天　准备：15分钟 · **发酵：**12小时
制作当天　准备：30分钟 · **冷藏：**1小时
发酵：2小时 · **烘烤：**19分钟

食材（可制作6个葡萄干面包）

580克可颂面团

100克金葡萄干（提前1天浸泡在40克朗姆酒里）
用于涂抹模具的软化黄油

卡仕达酱

20克蛋黄液 · 20克糖 · 10克吉士粉
½根香草荚 · 100克牛奶

糖浆

100克水+130克糖（煮至沸腾）

可颂面团（提前1天）

- 准备好一份进行了两次4折的可颂面团（详见本书第208页）。

卡仕达酱（制作当天）

- 在碗里用蛋抽将蛋黄液和糖打发至浅色变浅，剖开香草荚，并将刮出的籽和吉士粉一起加入碗里。另取一个锅，将牛奶煮至沸腾，先倒一半在蛋黄液碗里，搅拌均匀。
- 将此混合物倒回锅里，与之前剩余的牛奶一起再次用中火煮至沸腾，同时用蛋抽不停地搅拌，持续沸腾约30秒。最后倒入干净的碗里，将保鲜膜完全贴合在制成的卡仕达酱上，放入冰箱冷藏降温。

整形和最终发酵

- 用擀面杖将可颂面团擀压成一块长60厘米、宽20厘米、厚2毫米左右的长方形。用指尖轻压底部以固定面团，再用水打湿边缘处1厘米处。
- 取一把刮刀，避开被打湿的地方，将卡仕达酱在面团上抹平。撒上浸泡过朗姆酒的金葡萄干，然后沿着长边将生坯从上至下卷成紧实的短棍状。
- 放入冰箱冷藏至变硬，之后切割成6个圆饼。放在长38厘米、宽30厘米的烤盘上，并预先铺好烘焙油纸。再套上直径为10厘米的小号挞圈，内壁预先涂抹黄油。
- 在28℃的发酵箱里发酵2小时（详见本书第54页），或至面团体积膨胀1倍取出。

烘烤

- 风炉预热至180℃。入炉，烤盘放在中层。温度降至165℃，烘烤18分钟。
- 出炉，温度调高至220℃。取下挞圈，为葡萄干面包卷刷上糖浆，回炉继续烘烤1分钟左右。
- 最终出炉后，放在烤架上排湿和冷却。

帕里尼–碧根果卷

Roulé praliné-pécan

- 可用20克蛋黄液、20克糖、10克吉士粉、从1/2根香草荚里刮取出的香草籽、90克牛奶和10克厚奶油制作帕里尼卡仕达酱。在煮酱的尾声加入40克帕里尼，再用100克粗粗切碎的碧根果代替金葡萄干即可。

安曼黄油酥

Kouign-amann

难度： ♔

提前1～2天　准备： 10分钟 · **发酵：** 30分钟 · **冷藏：** 12～48小时
制作当天　冷冻： 20分钟 · **发酵：** 2小时20分钟 · **烘烤：** 30分钟 · **基础温度：** 54℃

食材（可制作6个安曼黄油酥）

120克水 · 200克传统法式面粉 · 20克盐 · 8克新鲜酵母

油酥

150克干黄油 · 180克糖+额外用于模具的部分

搅拌（提前1～2天）

- 在面缸里放入水、面粉、盐和新鲜酵母。以慢速搅拌4分钟，随后转为中速继续搅拌6分钟。搅拌完成时的面团温度为23～25℃。

基础发酵

- 从面缸里取出面团，放入带盖的容器内，在室温下发酵30分钟。进行一轮翻面，盖上盖子，放入冰箱冷藏12～48小时。

油酥（制作当天）

- 将干黄油放在一张烘焙油纸上（详见本书第206页），用擀面杖擀压成一块正方形，此为油酥。
- 将面团擀压成一块比油酥尺寸略大些的长方形，此为油皮。油酥放置于油皮中间，切去油皮边缘，将这两块油皮铺在油酥上，盖住后者。再次擀压至3.5毫米左右的厚度，进行一次3折（详见本书第206页）。盖上保鲜膜，放入冰箱冷冻20分钟。
- 从冷冻里取出酥皮生坯，放在撒有少许面粉的工作台面上。在生坯表面撒上油酥配方里一半的糖，进行第二次3折。盖上干的厨房巾，在工作台面上静置松弛30分钟。
- 再撒上剩余的糖，进行第三次3折。盖上干的厨房巾，在工作台面上静置松弛20分钟。

整形

- 将生坯擀压至4毫米左右的厚度，切出6块边长为10厘米的正方形。边角向中心折叠，将这6份生坯装入6个直径为10厘米的不粘涂层圆形蛋糕模具内，并预先在模具内壁撒好糖。最后放在长38厘米、宽30厘米的烤盘上。

最终发酵

- 在28℃的发酵箱里发酵1小时30分（详见本书第54页）。

烘烤

- 风炉预热至180℃。入炉，烤盘放在中层，烘烤10分钟。随后将温度降至170℃，烘烤10分钟。继续降温至160℃，再烘烤10分钟。
- 出炉后，脱模，放在烤架上排湿和冷却。

主厨小贴士： 此配方也可用可颂面团进行制作。用350克可颂面团代替原配方里的面包面团即可，其余的操作一致。

酥脆菠萝挞

Ananas croustillant

难度：

提前1天　准备： 10分钟 · **冷藏：** 12小时

制作当天　准备： 30分钟 · **冷冻：** 1小时30分钟 · **发酵：** 1小时30分钟 · **烘烤：** 32分钟

器具

6个直径为10厘米的小号挞圈 · 1个直径为8厘米的切模

直径为6厘米的夹心硅胶模具 · 直径为3厘米的半球硅胶模具

食材（可制作6个甜酥）

可颂面团

油皮

300克T45面粉 · 6克盐 · 12克新鲜酵母 · 42克糖 · 30克黄油 · 96克水 · 60克牛奶

油酥

180克冷的干黄油

菠萝果酱

35克糖 · 25克黄油 · 1根香草荚 · 200克切成丁的菠萝

4克吉士粉 · 8克菠萝汁 · 7克朗姆酒 · 3克马里布牌朗姆椰子酒

6片菠萝片

椰子酱

56克椰子浆 · 24克椰子膏 · 6克玉米淀粉 · 7克马里布牌朗姆椰子酒

糖浆

100克水+130克糖（煮至沸腾）

装饰

1个青柠檬的皮屑

用于涂抹模具的葵花籽油

油皮（提前1天）

- 在面缸里放入面粉、盐、新鲜酵母、糖、黄油、水和牛奶。以慢速搅拌5分钟，随后转为中速继续搅拌5分钟。滚圆，盖上保鲜膜，放入冰箱冷藏至少12小时。

油酥（制作当天）

- 将油皮面团擀压至1.5毫米左右的厚度，包进油酥，进行一次4折和一次3折（详见本书第208页）。盖上保鲜膜，放入冰箱冷冻30分钟。
- 将制成的生坯放在工作台面上，接口处朝向自己。每隔2厘米做个标记，切成竖条，并拨开（图1）。用刷子蘸冷水打湿每条酥皮，再立起来，彼此粘连，酥皮层次清晰可见。捏紧它们，使之不易散开（图2）。放在一个预先铺好烘焙油纸的烤盘上，转入冰箱冷冻20分钟。
- 取出生坯，放在工作台面上，垂直朝向自己。将它们擀压至3.5毫米左右的厚度，放回冰箱冷冻20分钟。
- 垂直于酥皮走向，切出2厘米宽的带子（图3）。取6条填入内壁已预先涂抹了油脂的挞圈（图4）。如果没有紧贴内壁，请务必用剩余的带子进行填补和调整。
- 回收上个步骤里挞皮的边角料，但请勿揉捏过度。擀压至1.5毫米左右的厚度，用叉子叉洞（图5），放在铺有烘焙油纸的烤盘上，转入冰箱冷冻20分钟。
- 用切模割出6块圆片，填入挞圈的底部。在28℃的发酵箱里发酵1小时30分钟，主意不要超过这个时间（详见本书第54页）。

菠萝果酱

- 取一个锅，无水干熬焦糖，刮取出香草荚里的香草籽和切成小块的黄油、菠萝丁一起放入锅中。用菠萝汁溶解吉士粉，然后倒入锅里，使混合物黏稠。最后加入朗姆酒和马里布牌朗姆椰子酒。
- 用勺子在每个夹心硅胶模具里填入30克果糊（图6），放入冰箱冷冻至变硬。

椰子酱

- 在小锅里将椰子浆和椰子膏煮至微沸。取1汤匙水稀释玉米淀粉，倒入锅里，然后边搅拌边煮至沸腾。加入马里布牌朗姆椰子酒，搅匀。将制成的椰子酱填入半球硅胶模具内（图7），放入冰箱冷冻至变硬。

菠萝果酱夹心

- 在每个挞圈里放入1份菠萝果酱夹心（图8），再铺1片重约15克的菠萝（图9）。最后盖上1块硅胶烤垫和2个烤盘。

烘烤

- 风炉预热至180℃。入炉，烤盘放在中层，温度降至165℃，烘烤25分钟。随后升温至180℃，烘烤5分钟。撤掉烤盘、硅胶烤垫和挞圈，刷上糖浆，回炉继续烘烤2分钟。出炉后放在烤架上排湿和冷却。

完成

- 在每份酥脆菠萝挞的中心放1个椰子酱半球，并撒上现擦的青柠檬皮屑。

1
2
3
4
5
6
7
8
9

香草弗朗

Flan vanille

难度：

提前1天　准备：15分钟 · **发酵：**12小时

制作当天　准备：30分钟 · **冷冻：**2小时 · **发酵：**1小时～1小时30分钟 · **烘烤：**20分钟

器具

4个直径为10厘米的不粘涂层圆形蛋糕模具 · 1个直径为9厘米的切模

食材（可制作4个香草弗朗）

可颂面团

530克可颂面团 · 用于涂抹模具的葵花籽油

香草卡仕达酱

50克蛋黄液 · 60克糖 · 25克吉士粉 · 1根香草荚

160克全脂牛奶 · 160克淡奶油

上色

1个打散的蛋黄

可颂面团（提前1天）

- 准备好1份进行了一次4折和一次3折的可颂面团（详见本书第208页）。

切割（制作当天）

前三个步骤，请参考第281页的图1～3进行制作。

- 将制成的生坯放在工作台面上，接口处朝向自己。每隔2厘米做个标记，切成竖条，并拨开。用刷子蘸冷水打湿每条酥皮，再立起来，彼此粘连，酥皮层次清晰可见。捏紧它们，使之不易散开。放在一个预先铺好烘焙油纸的烤盘上，转入冰箱冷冻20分钟。
- 取出生坯，放在工作台面上，垂直朝向自己。将它们擀压至3.5毫米左右的厚度，放回冰箱冷冻20分钟。
- 垂直于酥皮走向，切出3厘米宽的带子。取4条填入内壁已预先涂抹了油脂的蛋糕模具内。如果没有紧贴内壁，请务必用剩余的带子进行填补和调整。
- 将边角料擀压至2毫米左右的厚度，用叉子叉洞。放入冰箱冷冻20分钟，然后用切模割出圆片，将其填入蛋糕模具的底部。请确保底部与内壁的酥皮边缘粘接在一起，不留缝隙。

最终发酵

- 在28℃的发酵箱里发酵1小时～1小时30分钟（详见本书第54页）。放入冰箱冷冻1小时或至面团变硬后取出。

香草卡仕达酱

- 在碗里用蛋抽将蛋黄液和糖打发至颜色变浅，加入从香草荚中刮取出的香草籽和吉士粉。另取1个锅，将牛奶和淡奶油煮至沸腾，先倒一半在蛋黄液碗里，搅拌均匀。
- 将上个步骤制成的混合物倒回锅里，与之前剩余的牛奶一起再次用小火煮至沸腾，同时用蛋抽不停地搅拌。持续沸腾约30秒。

烘烤

- 风炉预热至200℃。
- 蛋糕模具放在长38厘米、宽30厘米的烤盘上。在依然是冷冻状态的酥皮里填入热的香草卡仕达酱。用刷子在后者表面刷一层上色的蛋液。入炉，烤盘放在中层。温度降至165℃，烘烤20分钟。
- 出炉后，脱模，放在烤架上排湿和冷却。

焦糖流心巧克力圆顶

Dôme chocolat

难度：

提前1天　准备：5分钟 · **发酵：**12小时

制作当天　准备：1小时 · **冷冻：**约4小时 · **发酵：**3小时 · **烘烤：**35分钟

器具

直径为3厘米的半球硅胶模具（用于焦糖夹心）

直径为5厘米的半球硅胶模具（用于半熟巧克力）

直径为7厘米的半球硅胶模具（用于制作旋涡条）

1个直径为7厘米的切模 · 烘焙温度计

食材（可制作6个巧克力圆顶）

可颂圆顶

450克可颂油皮 · 125克干黄油

焦糖

60克糖 · 60克淡奶油 · 9克黄油

半熟巧克力

47克黑巧克力 · 25克黄油 · 47克全蛋液 · 75克糖 · 20克T55面粉

巧克力沙布雷

27克黄油 · 66克T65面粉 · 1克盐 · 32克糖粉 · 5克杏仁粉 · 5克可可粉 · 17克全蛋液

焦糖粉

100克糖

最后工序

用于黏合的黑巧克力

用于涂抹模具的软化黄油

可颂油皮（提前1天）

- 准备好可颂油皮（详见本书第206页）。

整形（制作当天）

- 将干黄油擀压成一块边长为12厘米的正方形，将其包进可颂油皮里，先进行一次4折，再一次3折（详见本书第208页）。请确保开酥完毕后，制成的正方形生坯的边长不超过14厘米。盖上保鲜膜，放入冰箱冷冻20分钟。
- 生坯的接口处面对自己。工作台面上撒少许面粉，将生坯擀压至35厘米的长度，放回冰箱冷冻20分钟。
- 继续擀压生坯，直至长度达到65厘米。用长刀在生坯上切割出8条长60厘米、宽8毫米的带子。剩余的边角料备用。把每条带子卷成旋涡状（蚊香状），平铺在一个预先铺好烘焙油布且涂抹了足量黄油的烤盘上（图1）。

最终发酵

- 让这些可颂旋涡条在28℃的发酵箱里发酵3小时（详见本书第54页）。

整形

- 取出可颂生坯的边角料，擀压至1.5毫米左右的厚度。放在烤盘上，用叉子叉洞，转入冰箱冷冻2小时。

焦糖

- 取一个小锅，放入糖，倒少许水浸湿，煮至180～190℃（用烘焙温度计核实温度）。倒入加热好的淡奶油，再次煮至118℃。加进黄油，用刮刀将焦糖搅至光滑。填进半球模具里，放入冰箱冷冻至少2小时。

半熟巧克力

- 巧克力和黄油装入碗里，隔水融化。用蛋抽将全蛋液和糖打发至颜色变浅，加入融化的巧克力和黄油，然后加入面粉。搅匀后填入半球模具内（图2），然后在中间塞入一个冷冻的焦糖夹心（图3）。放入冰箱冷冻储存，使用时取出。

巧克力沙布雷

- 厨师机装上桨叶，面缸里混合黄油、面粉、盐、糖粉、杏仁粉、可可粉和全蛋液。
- 风炉预热至160℃。
- 在工作台面上，将巧克力沙布雷面团铺在两张烘焙油纸之间，擀压至2毫米厚度，再用切模割出6个圆片（图4）。放在预先铺好烘焙油纸的烤盘上，入炉，烤盘放在中层，烘烤10分钟。
- 出炉后，放在烤架上冷却。

焦糖粉

- 用锅将糖熬至琥珀色，随后摊在一个预先铺好烘焙油纸的烤盘上，待其冷却，再倒进家用料理机里打碎成细粉（图5）。

烘烤

- 烤箱预热至170℃。将可颂旋涡条填入半球模具内，再把模具放到长38厘米、宽30厘米的烤盘上（图6）。在每个可颂旋涡条里塞入1块带焦糖夹心的半熟巧克力。最后用可颂生坯的边角料切割出6块直径为7厘米的圆片。
- 用水打湿半球模具边缘，然后将圆片盖在上方，封住底部（图7）。再压上1张烘焙油纸，以及一个长38厘米、宽30厘米的烤盘。入炉，烤盘放在中层，烘烤20分钟。
- 出炉，温度调高至180℃。小心地将制成的圆顶脱模，在烤盘上翻转，撒上焦糖粉（图8）。回炉继续烘烤5分钟。
- 出炉后，将圆顶放在烤架上冷却。

最后工序

- 用刀尖挑一点融化的黑巧克力抹在沙布雷上，与圆顶粘连在一起（图9）。

1
2
3
4
5
6
7
8
9

覆盆子-柠檬之花

Fleur framboise-citron

难度： 🍳🍳🍳

提前1天　准备： 15分钟 · **冷藏和冷冻：** 12～24小时 · **烘烤：** 10分钟

制作当天　准备： 30分钟 · **冷冻：** 约1小时30分钟 · **发酵：** 1小时30分钟 · **烘烤：** 20～23分钟

器具

直径为6厘米的夹心硅胶模具（用于覆盆子果酱）· 1个直径为3厘米的花型切模

直径为3厘米的半球硅胶模具（用于柠檬花和果冻）

2个直径分别为3厘米和10厘米的切模（用于可颂面团）· 6个直径为10厘米的小号挞圈

食材（可制作6朵覆盆子-柠檬之花）

450克可颂油皮 · 125克干黄油

红色面团

100克T45精细白面粉 · 50克甜菜根汁 · 10克黄油 · 4克新鲜酵母 · 15克糖 · 2克盐

覆盆子果酱

115克冷冻覆盆子 · 30克糖 · 3克NH果胶

柠檬果冻

60克甜酸橙汁 · 20克水 · 20克糖 · 3克NH果胶

糖浆

125克水+125克糖（煮至沸腾）

尼泊尔黑胡椒[1]（非必要）

主厨小贴士： 注意烘烤时不要超过指定温度，否则红色面团部分会上色过深。也请不要对此部分切割过重，否则红色花瓣会裂开成两半。

---

[1] 这款产自尼泊尔高原的胡椒，又被称作柚子胡椒，因其带有独特的柑橘果香，特别是柚子香而出名。但请注意，虽然我们称其为胡椒，但它并不是真正的胡椒。和花椒一样，它们被归类于芸香科花椒属。

可颂油皮（提前1天）

- 准备好可颂油皮（详见本书第206页）。

红色面团

- 在面缸里放入面粉、甜菜根汁、黄油、新鲜酵母、糖和盐，以慢速搅拌5分钟，随后转为中速继续搅拌5分钟。滚圆，盖上保鲜膜，放入冰箱冷藏12～24小时。

覆盆子果酱

- 在锅里将覆盆子微微煮沸。取小碗将糖和NH果胶混合均匀，然后加进锅里。小火熬煮3分钟，其间不停搅拌。离火后，在每个夹心硅胶模具内倒入20克果酱，并放入冰箱冷冻。
- 将剩余的果酱倒在纸上，冷冻至变硬，用花型切模割出6朵花。放进半球模具内，转入冰箱冷冻定形（图1）。

柠檬果冻

- 用小锅微微煮沸甜酸橙汁和水。取小碗混合糖和NH果胶，然后加进锅里。小火再次煮至微沸，其间不停搅拌。随后倒入装有覆盆子果酱花朵的半球模具里，放回冰箱冷冻定形。

整形（制作当天）

- 工作台面上撒面粉。将干黄油擀压成1块边长为12厘米的正方形，包进可颂油皮里。先进行一次4折，再一次3折（详见本书第208页）。请确保开酥完毕后，制成1份边长为14厘米的可颂生坯。
- 将红色面团擀压成1块边长为15厘米的正方形，叠在用水打湿了表面的可颂生坯上方。盖上保鲜膜，放入冰箱冷冻15分钟。
- 将双色生坯擀压成一块长30厘米、宽28厘米的长方形，厚度约为3毫米（图2）。用美工刀、小刀或者钢尺在红色生坯层上割出规律的斜线，然后重新放入冰箱冷冻至变硬。
- 用切模割出48块直径为3厘米的圆片（图3），放入冰箱冷冻定形。将剩余的生坯擀压至1.5毫米厚度，用叉子叉洞，放回冰箱冷冻至变硬。
- 取出叉了洞的生坯，用切模割出6块直径为10厘米的圆片，套上挞圈，放在长38厘米、宽30厘米的烤盘上，并预先铺好烘焙油纸。在每个挞圈内，微微重合叠放6～9块直径为3厘米的圆片。

最终发酵

- 将挞圈带烤盘放入25℃的发酵箱里，发酵1小时30分钟（详见本书第54页）。

烘烤

- 风炉预热至145℃。
- 在挞圈的中心位置，塞入一个冷冻的覆盆子果酱夹心（图4）。入炉，烤盘放在中层。烘烤20分钟。取下挞圈，如有需要，可回炉继续烘烤3分钟。
- 出炉后，花朵四周刷上糖浆，待其冷却。最后在中间摆上一个覆盆子花朵柠檬果冻半球。亦可按照喜好，在表面拧一圈尼泊尔黑胡椒。

1
2
3
4

芒果-百香果辫子皇冠

Couronne tressée mangue-passion

难度： ♔♔♔

提前1天　准备： 15分钟 · **发酵：** 12小时

制作当天　准备： 45分钟 · **冷冻：** 30分钟 · **发酵：** 1小时～1小时30分钟 · **烘烤：** 18分钟

器具

6个直径为10厘米的小号挞圈 · 直径为6厘米的夹心硅胶模具

直径为9厘米的切模

食材（可制作6个皇冠）

可颂面团

580克可颂面团

上色

1个全蛋+1个蛋黄（搅打均匀）

用于涂抹模具的软化黄油

芒果百香果奶油

63克淡奶油 · 32克百香果果酱 · 30克芒果果酱 · 25克蛋黄液

25克糖 · 10克玉米淀粉 · ½瓶盖马里布牌朗姆椰子酒

芒果百香果淋面

38克百香果果酱 · 86克芒果果酱 · 34克糖 · 5克NH果胶

精细的编织

请确保用来编织的长条既纤薄，温度又足够低。编成紧实的辫子后，整体长度不能超过40厘米，否则将不得不切短它们，这会导致皇冠的酥皮部分不够齐整。

可颂面团（提前1天）

- 准备好1份进行了两次4折的可颂面团（详见本书第208页）。

制作当天

- 将可颂面团擀压至长35厘米、宽20厘米。放在铺有烘焙油纸的烤盘上，转入冰箱冷冻至面团轻微变硬。取出，再次擀压成一块长45厘米、宽20厘米、厚度3.5毫米左右的长方形。
- 用长刀在面团上切出18条长40厘米、宽1厘米的带子，然后每3条编织成一股辫子，总共编出6股（图1）。
- 将可颂面团的边角料擀压至1.5毫米左右的厚度，用叉子叉洞，放回冰箱冷冻冻硬。取出后用直径为9厘米的切模割出6个圆片，放在长38厘米、宽30厘米的烤盘上，并预先铺好烘焙油纸。
- 用水打湿圆片，沿边缘围一股辫子，形成皇冠状。在表面刷一层上色的蛋液，套上预先在内壁涂抹了黄油的挞圈。在28℃的发酵箱里发酵1小时～1小时30分钟（详见本书第54页）。

芒果百香果奶油

- 在锅里放入淡奶油、百香果果酱和芒果果酱，煮至沸腾。同时，在碗里将糖和蛋黄液打发至颜色变浅，然后加入玉米淀粉并搅拌均匀。
- 将一部分热的混合液体倒在盛有蛋黄液的碗里，搅拌，然后全部倒回离火的锅中。搅拌均匀后重新开火，煮至沸腾。
- 煮制的尾声，加入朗姆椰子酒，并搅匀。
- 装入裱花袋，或者借助勺子，在每个夹心硅胶模具内填充进25克芒果百香果奶油（图2）。在工作台面上敲震模具，使夹心表面平整。放入冰箱冷冻至变硬。

烘烤

- 风炉预热至180℃。
- 给皇冠刷上第二层蛋液，在中间部位塞进一个冷冻的芒果百香果奶油夹心（图3）。入炉，烤盘放在中层。温度降至165℃，烘烤18分钟。
- 出炉后，取掉挞圈，放在烤架上排湿和冷却。

芒果百香果淋面

- 在锅里将两种果酱煮沸。取小碗混合糖和NH果胶，然后倒入锅中，不停地搅拌并煮至沸腾。趁热倒进甜点滴管，或者小号的酱汁盅里，在每个皇冠表面浇上20克淋面（图4），待其冷却凝固后，再呈上桌享用。

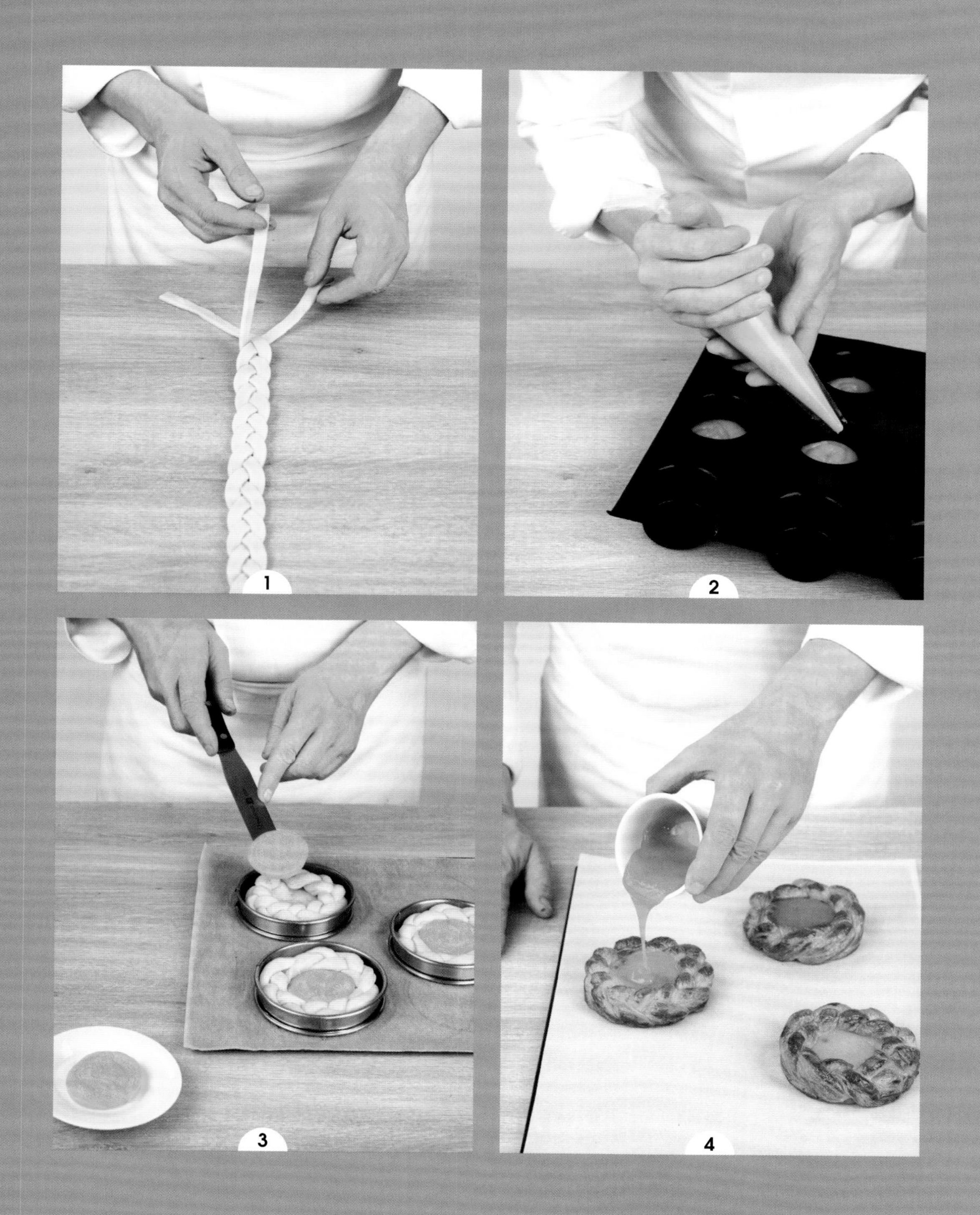
1
2
3
4

翻转苹果挞之面包版

La pomme Tatin du boulanger

难度： ♧

准备： 10分钟 · **发酵：** 1小时30分钟 · **烘烤：** 40分钟

食材（可制作6个苹果挞）

420克可颂面团的边角料（擀平整）· 用来涂抹模具的软化黄油+糖

内馅

120克黄油 · 3个澳洲青苹果

模具的准备

- 取6个直径为10厘米的不粘涂层圆形蛋糕模具，内壁涂抹黄油和糖，然后放在一个长38厘米、宽30厘米的烤盘上。

内馅

- 将黄油切成薄片，每个模具中放入20克。苹果去皮、去核、横向对半切开，每个模具里放半个苹果。

烘烤

- 风炉预热至200℃。入炉，烤盘放在中层，烘烤20分钟。出炉后，留在模具里冷却。
- 将可颂面团边角料切成3.5毫米大小的方块，铺在苹果上面。在室温下发酵1小时30分钟。
- 风炉预热至165℃。入炉，烤盘放在中层。烘烤20分钟。
- 出炉后，模具上方盖一张烘焙油纸，再叠一个烤盘压平整。最后取下烤盘，翻转模具，脱模。

杏仁榛子小蛋糕

Petit cake amandes-noisettes

难度： ♔

准备： 20分钟 · **发酵：** 2小时 · **烘烤：** 20分钟

食材（可制作4个小蛋糕）

160克可颂面团的边角料（擀平整）
用于涂抹模具的软化黄油

杏仁酱

35克软化黄油 · 35克糖粉
35克杏仁粉 · 35克全蛋液

35克烘烤过的榛子 · 糖粉

填充模具

- 预先在模具内壁涂抹黄油，将可颂面团的边角料切成1厘米大小的方块，装入4个长11厘米、宽4厘米的模具内。在25℃的发酵箱里发酵1小时左右（详见本书第54页）。

杏仁酱

- 混合黄油和糖粉，充分搅打至质地均匀。依次加入杏仁粉、全蛋液，再次搅拌均匀。将制成的杏仁酱装进不带花嘴的裱花袋里。

组合和烘烤

- 将杏仁酱挤在可颂面团上，发酵约1小时。再撒上烘烤过且碾碎的榛子。
- 风炉预热至165℃。入炉，模具放在中层，烘烤20分钟。出炉后，脱模，放在烤架上排湿和冷却，最后撒上糖粉。

青柠蛋白霜小蛋糕

Petit cake meringué au citron vert

难度： ♔

准备： 20分钟 · **发酵：** 2小时 · **烘烤：** 20分钟

食材（可制作4个小蛋糕）

160克可颂面团的边角料（擀平整）
用于涂抹模具的软化黄油

柠檬杏仁酱

35克软化黄油 · 35克糖粉 · 35克杏仁粉
27克全蛋液 · 8克柠檬汁 · 1个青柠檬的皮屑

意式蛋白霜

100克糖 · 40克水 · 50克蛋清

1个青柠檬的皮屑

组装

- 具体操作请参照杏仁榛子小蛋糕。制作柠檬杏仁酱时，在添加完全蛋液后，再加入柠檬汁和青柠檬皮屑。全部混合物填进模具里。发酵1小时左右。

烘烤

- 风炉预热至165℃。入炉，模具放在烤箱中层，烘烤20分钟。出炉后，脱模，放在烤架上排湿和冷却。

意式蛋白霜

- 在锅中将糖和水加热至119℃。在厨师机面缸里放入蛋清，搅打至微微起泡。倒进热糖浆，搅打至混合物冷却，最后装入带有齿状花嘴的裱花袋内。

完成

- 在每份小蛋糕表面挤上Z字型的意式蛋白霜。取喷枪扫过蛋白霜，为其上色，最后撒上现擦的青柠檬皮屑。

国王饼

Galette des Rois à la frangipane

难度： 🎩🎩

提前2天　准备： 5分钟 · **冷藏：** 1晚
提前1天　准备： 45分钟 · **冷藏：** 12小时
制作当天　准备： 15分钟 · **烘烤：** 41分钟

食材（可制作1个国王饼）

酥皮面团

560克酥皮面团

弗兰吉潘酱

卡仕达酱

20克蛋黄液 · 20克糖 · 10克吉士粉 · ½根香草荚 · 100克牛奶

杏仁酱

50克软化黄油 · 50克糖粉 · 50克杏仁粉 · 50克全蛋液 · 6克琥珀朗姆酒

1粒蚕豆

上色

1个全蛋+1个蛋黄（搅打均匀）

糖浆

100克水+130克糖（煮至沸腾）

酥皮面团（提前2天）

- 准备好一份四次折叠法酥皮面团（详见本书第212页）。

切割（提前1天）

- 酥皮面团进行第五次3折，然后擀压成一块长45厘米、宽23厘米的长方形，厚度约为2毫米。将其对半切开，分别放在2个预先铺好烘焙油纸的烤盘上，放入冰箱冷藏至变硬（约1小时）。

主厨小贴士： 酥皮面团的边角料请不要浪费，回收时叠放在一起，无需滚圆。可用来制作其他点心，例如千层麻花酥（详见本书第308页）。

卡仕达酱

- 在碗里用蛋抽打发蛋黄液和糖至颜色变浅，加入从剖开的香草荚中刮取出的香草籽和吉士粉。另取一个锅，将牛奶煮至沸腾，先倒一半热牛奶在蛋黄液碗里，搅拌均匀。
- 将上个步骤制成的混合物倒回锅里，与之前剩余的牛奶一起再次用中火煮至沸腾，同时用蛋抽不停地搅拌，持续沸腾约30秒。最后倒入一个干净的碗里，保鲜膜贴面覆盖，放入冰箱冷藏降温。

杏仁酱

- 在碗里搅打软化成膏状的黄油和糖粉，直至形成霜状混合物。加入杏仁粉、全蛋液和朗姆酒，用力搅拌至乳化。

弗兰吉潘酱

- 碗里放入60克的卡仕达酱和200克的杏仁酱，用蛋抽搅拌至质地光滑。装入带有10号圆头花嘴的裱花袋内。

组装

- 取出酥皮面团，切出2块直径为21厘米的圆片（图1）。将其中一块放在铺好了烘焙油纸的烤盘上，用刷子将边缘微微打湿。在中心标记出直径为16厘米的圆心范围，然后用裱花袋以打圈的方式将弗兰吉潘酱挤在上面（图2）。塞进1粒蚕豆，盖上另一块圆片，将边缘压紧实。表面刷一层上色的蛋液，放入冰箱冷藏过夜。

完成（制作当天）

- 将国王饼生坯从冰箱里取出，用一个直径为18厘米的慕斯圈和美工刀，切掉酥皮面团多余的部分，并在边缘切出间隔的花纹。刷上第二层蛋液，用刀从中心往外划出放射状的弧线花纹（图3）。

烘烤

- 风炉预热至180℃。入炉，烤盘放在中层。烘烤40分钟（图4）。
- 出炉，温度调高至220℃，为国王饼刷上糖浆，回炉继续烘烤1分钟。
- 出炉后，将国王饼放在烤架上排湿和冷却。

1
2
AEG
200
3
4

苹果酥

Chausson aux pommes

难度：

提前1天　准备： 5分钟 · **冷藏：** 1晚

制作当天　准备： 45分钟 · **冷藏：** 4小时 · **烘烤：** 30分钟

食材（可制作5个苹果酥）

酥皮面团

560克酥皮面团

苹果果酱

30克红糖 · 35克黄油 · 2小撮盐之花

450克切成小丁的澳洲青苹果 · 1根香草荚

上色

1个全蛋+1个蛋黄（搅打均匀）

糖浆

100克水+130克糖（煮至沸腾）

适合烹饪的苹果

澳洲青苹果又名史密斯奶奶（Granny Smith），味酸，甜度较低，能很好地承受烹饪时的高温。以它制成的半液状果酱还能保留有果块，在品尝时赋予唇舌更多的质感。

酥皮面团（提前1天）

- 准备好1份进行了四次3折的酥皮面团（详见本书第212页）。

切割（制作当天）

- 酥皮面团进行第五次3折，然后擀压成一块长38厘米、宽30厘米的长方形，厚度约为2毫米。放在长38厘米、宽30厘米的烤盘上，并预先铺好烘焙油纸。转入冰箱冷藏1小时。
- 取一个长轴为17厘米、短轴为12.5厘米的椭圆形带锯齿切模，在酥皮面团上割出5块面皮（图1）。放回烤盘上，重新放入冰箱冷藏至变硬（约1小时）。

苹果果酱

- 在锅里放入红糖，中火熬至琥珀色。加入黄油和盐之花进行稀释，再倒入苹果、香草荚和从香草荚中刮取出的香草籽。搅拌均匀后以小火炖煮成糊状，但依旧保留一些苹果的果块。
- 煮好后，装进带盖的碗里，放入冰箱冷藏。使用前取出，并拿掉香草荚。

组装

- 取出切好的椭圆形酥皮面团，用擀面杖从中间擀起，稍擀长一些。用水微微打湿半个椭圆的边缘，在另半个椭圆处堆上65克苹果果酱，边缘留出约2厘米的空处（图2、图3）。
- 合拢苹果酥，用手指压紧实边缘，然后翻转放在长38厘米、宽30厘米的烤盘上，并预先铺好烘焙油纸。苹果酥表面刷一层上色的蛋液，入炉前至少在冰箱冷藏里放置2小时。
- 取出苹果酥，表面再上一层蛋液，取小刀在表面割出线条（图4），再用刀尖刺破1～2处，使得气体可以在烘烤时排出。

烘烤

- 风炉预热至180℃。入炉，烤盘放在中层，烘烤30分钟。
- 出炉，温度调高至220℃，为苹果酥刷上一层糖浆，增加其光泽度。回炉继续烘烤约30秒。最终出炉后，放在烤架上排湿和冷却。

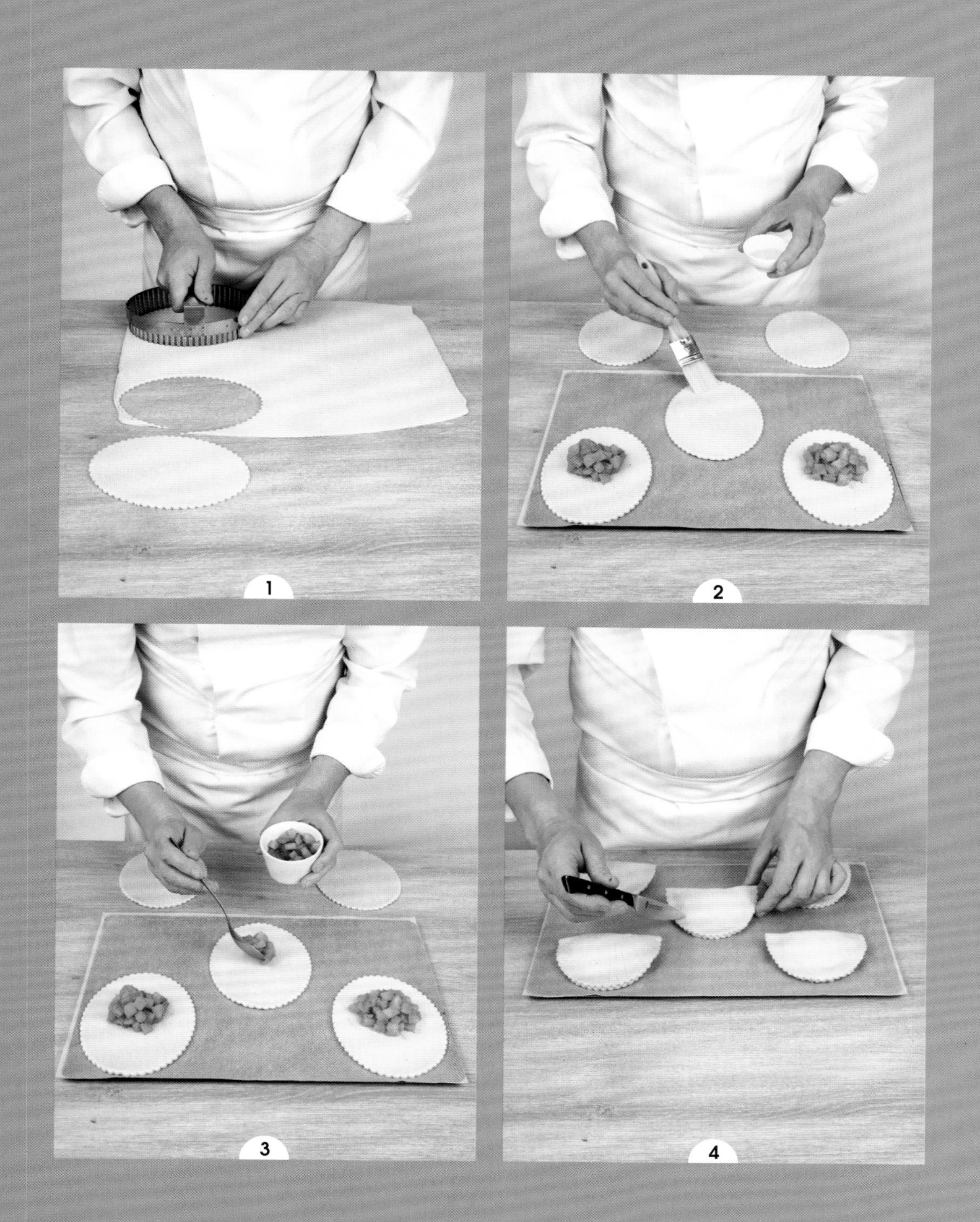

千层麻花酥

Sacristain

难度： ⌂

准备： 15分钟 · **烘烤：** 30分钟

食材（可制作一些千层麻花酥）

酥皮面团的边角料 · 糖

切割和整形

取出收集的酥皮面团边角料，请确保它们是叠放在一起的，而非搓成了球状，否则会产生酥皮的断层（断油）。用擀面杖将它们擀压成一块长20厘米、厚4毫米左右的长方形。其中一面撒上糖，然后切割成2厘米宽的条状，每条扭成麻花状即可。放在一个长38厘米、宽30厘米的烤盘上，并预先铺好烘焙油纸。最后将麻花酥的两端微微按压在纸上，使其固定住。

烘烤

风炉预热至180℃。入炉，烤盘放在中层。烘烤10分钟。然后温度降至165℃，继续烘烤20分钟。

杏仁碎和珍珠糖

Amandes hachées et sucre casson

- 擀开酥皮面团，一面撒上杏仁碎，用擀面杖压进去。然后翻转面团，另一面撒上珍珠糖，也用擀面杖压进面团里。切成条状，扭成麻花。

换个花样 2

皇家糖霜

À la glace royale

- 将125克糖粉和30克蛋清倒入碗里，用蛋抽搅拌均匀，再加入8克柠檬汁，便可得到皇家糖霜。用刷子蘸取皇家糖霜，在酥皮面团的一面薄薄地涂上一层。切成条状，扭成麻花。

换个花样 3

奶酪碎和埃斯普雷特辣椒粉

Fromage râpé et piment d'Espelette

- 将奶酪碎和埃斯普雷特辣椒粉混合均匀，在酥皮面团的一面薄薄地撒上一层。切成条状，扭成麻花。

ORDON BLEU PARIS

术语汇编

边角料

余下的面团。

编织

将两块面团卷在一起（例如：巴布卡），或者将单独一块面团自身扭成麻花状（例如：千层麻花酥）。

波兰种

由等量的面粉和水混合制成的液态酵头，并加入了新鲜酵母。

擦皮屑

柑橘类水果（橙子，柠檬）被去掉的带有颜色的外皮。可添加进食物中，起到增香的作用，或者制成糖渍果皮。

操作

搅拌，搅动，按揉。

出水，出油

如果面团过度揉搓和加热，会释放出一部分水或者黄油。

萃取

将芳香食材浸入微沸的液体里，并放置一段时间，使香气扩散其中（例如：茶）。

打发

用蛋抽用力地搅打（例如：打发蛋清和淡奶油）。

刀口

入炉前在生坯表面划下的刀口。另见割纹、割包、割痕。

丁

规律的小方块。

短棍状

预整形法的一种。为介于球状和长棍的半长棍状。

炖煮

在微沸的液体里烹煮。

多孔的

表面布满小洞的面团。

发酵

让面团（如：布里欧修面团、面包面团或者可颂面团）在温暖且潮湿的环境里膨胀起来。

发酵布，帆布

在发酵期间，用于放置生坯的亚麻布。

发酵耐力

面团或者生坯忍受发酵的不足或者过量，而不对自身造成损坏的能力。

发酵作用

淀粉分解为糖的过程。在随后的步骤里，再通过热能和酶（存在于酵母里的数种酶）的作用将糖转化为酒精和二氧化碳。

翻面（或者进行一轮翻面）

对一份面团进行拉伸和折叠，帮助其排气，增加烘焙力，以及重启发酵进程。此技巧常运用在基础发酵时。

放，抹，裱

1 将一份擀薄的面团放在烤盘上。
2 在食物或者制品上方抹开一层奶油或者其他的馅料。
3 将制品装入带有花嘴的裱花袋内，按照规律的间隔挤或者摊在烤盘上。

分割

将面团分成数份生坯的操作，生坯的重量通常已规定好。

粉水混合

用搅拌机或者用手将原材料以慢速混合，此为搅拌的第一个步骤。

麸质

面粉里不溶于水的蛋白质部分。

擀压

用擀面杖将面团摊开，扩展成所需的厚度和尺寸。

干黄油

又名开酥用黄油或片油，其熔点较传统黄油更高，油脂更为丰富，亦含有更少的水分（根据不同的品质，其水分含量为5%～8%）。通常用于制作酥皮面团和发酵酥皮面团，例如：可颂、酥皮布里欧修或者酥皮面包。

割包

入炉前在生坯表面划下一刀或者数刀，用于在烘烤时排出二氧化碳。另见割纹、割痕。

割痕

入炉前在生坯表面划下的口子。详见刀口、割纹、割包。

割纹

入炉前持割刀在生坯表面划下的口子，亦被誉为面包师的签名。另见刀口、割包、割痕。

鼓气

在搅拌的过程里，往面团里裹入空气。

滚压

施以或多或少的压力将面团擀开，最大程度排除基础发酵时产生的二氧化碳。

滚圆

来回转动生坯使其麸质松弛，形成一个光滑的球状。这个举动能封住面团里所含的二氧化碳。

果冻

添加了增稠剂（例如：果胶或者吉利丁）的果汁或者果肉，可制成夹心或者增加蛋糕和法式慕斯的光泽度。

裹

在开酥前，将油酥包进油皮或者面团里（例如：可颂，千层酥，面包或者布里欧修），制造出酥皮的效果。

过筛

通过筛网滤掉杂质或者油脂。

含水量

面粉在搅拌的过程中吸收的水的分量。

烘焙力

面团的三种力学性能的组合：柔软度、韧性和弹性。太多的力会产生过度的弹性，而力的不足会引发过度的延展性，以及缺乏弹性阻力。

烘烤，烹饪

使食物变熟的行为和方式。

后水

在水合作用不足的情况下，于搅拌的尾声加入少量液体（通常是水），目的在于软化麸质。

混合

通过轻柔地搅拌，将一种食材逐步混进另一种里。

基础发酵

搅拌结束后面团的第一次发酵，截止在分割步骤，即面团被分割成数份生坯。另见醒发。

挤

在烤盘上正确、合理地摆放制品。例如：挤泡芙面糊。

焦糖化

1 将糖熬至琥珀色，用于多种制作。
2 烘烤结束时，食物在高温下产生美拉德反应，使外壳得以上色。美拉德反应（la réaction de Maillard）指的是碳水化合物与氨基酸发生反应，从而形成复合的风味和颜色。

搅拌（揉面）

用手或者机器搅拌、揉捏一份面团。通过切分、拉伸和鼓气的动作形成麸质网状结构（面筋），最终获得质地均匀的混合物。

搅和

将某种物质（例如：新鲜酵母或者淀粉）与液体混合。

酵母，新鲜酵母

单细胞微型真菌的一种(酿酒酵母)，来自制糖用甜菜发酵所产生的糖蜜。酵母与水、面粉混合后能引起发酵，并排放出二氧化碳。

接口朝上

整形后进行最终发酵时，摆放生坯时接口处朝上。

接口朝下

整形后进行最终发酵时，摆放生坯时接口处朝下。

接口处

在预整形和整形阶段，球状或者棍状生坯需要捏紧的收口处。

结壳

1 主动将生坯暴露在空气里，使表面结出一层干膜的行为。
2 面包在烘烤前，因与干燥空气接触过多而变干的外层部分。

浸透

取糖浆或酒将食物打湿、浸染，为其增香和软化。

浸渍

让食物（通常是新鲜水果、干果或者糖渍水果）在液体里浸放一段时间，用以增加风味或者使其软化。

井

将面粉堆成小山，然后用手在中间拨开，形成一个类似井口的坑，便于在中心放入其他食材，然后再混合制成面团。

静置松弛

生坯在预整形步骤后的一段静置时间，有利于简化最终整形。

开酥（动词）

将面团与黄油折叠，再折叠，最终前者包裹住后者（例如：酥皮面团，可颂面团）。

开酥（名词）

通过数次折叠，将黄油裹进面团里的操作，最终制成彼此层叠的酥皮。

刻

在制作中用刀或者切模割出特定的图案。

拉长

在最终发酵之前，将生坯拉伸为成品的模样。

老化（动词）

指的是像面包这样的食物因为干燥的空气而变硬，不再新鲜。

老化（名词）

因为水分的挥发而导致面包结构的变化。

老面

酵头的一种。在加入总面团之前，已预先搅好并经过了数小时的发酵。老面能增加烘焙力，改善口感，并且有助于延长面包的保质期。

料糊，内馅

混合配方里多种食材最终得到的混合物，通常含有蛋液（例如：舒芙蕾面糊）。

淋面

黏稠糖浆状质地的混合物，可甜可咸，用于裹住甜点、糖果或者料理中的某样食物。

镂空模板

于烘烤前或者后，在产品表面刻画出图案、花纹的模具。

鲁邦种

以法国面粉（T字命名的系列，其中含有部分小麦外壳）和液体起种，没有添加新鲜酵母的酵头。鲁邦种需每隔几日进行续养，为面粉里存在的微生物（如：乳酸菌，野生酵母菌）提供食物。

鲁邦种原种

微生物活性达到最大值的鲁邦种，以此为基础能制作出熟成鲁邦种。

面包粘连处

在烘烤时，一个面包因为碰到另一个面包而在外壳留下的印记。

面包制作

面包生产里的不同步骤。

耐受度

用于形容面团或者生坯在发酵时的支撑力的术语。

逆-粉水混合

在搅拌或者粉水混合阶段加入面粉使面团质地变硬。另见粉水混合。

排气

用手按压面团，释放出其所含的二氧化碳。此技巧常运用在整形步骤中。

排湿

出炉后的一个时段。在此期间，面包将以蒸汽的形式丧失掉一部分水分。这也是面包制作里最后一个重要的步骤。

泡打粉

由碳酸氢钠和塔塔粉组成的发酵剂，不会在面团里留下任何气味和味道。与新鲜酵母不同，它只在烤箱里发生反应。

喷射口

在烘烤时，外壳上的割口裂开或者与面包主体分离。

膨胀

指的是一个面团在发酵和烘烤时其体积的增加。

铺

用面团填充模具或者容器的底部和边缘。

切

割裂，分割。

切割

借助一把剪刀、刀或者切模进行分割。

撒手粉

在工作台面与面团碰触的地方撒上一层轻薄的面粉，避免面团粘连。

砂化

揉搓面粉与油脂，使其交融，分布均匀。变成细面包屑状或者砂砾状时，即刻停止动作。

上光

在烹饪或烘烤结束时，为成品刷上糖浆或者黄油，使之发亮。

上色

为产品刷上打散的全蛋液或者蛋黄液，改善成品的外表颜色和光泽度。

上色原料

烘烤前为面团上色的备料（通常为打散的全蛋液或者蛋黄液，也有可能会加入水和盐）。

生坯

分割后所得的还未进行烘烤的块状面团（例如：酥皮面团，面包面团）。

使光滑

在搅拌的尾声，通过鼓气和对面团的拉伸使面团变得质地均匀。利用在面缸里的转动来优化麸质网状结构。结实的面团比柔软的面团更易形成光滑的外表。

熟成鲁邦种

以鲁邦种原种为基础，通过持续的续养使其分量逐步增加，最终制成能投入生产的鲁邦种。

水合

将配方里的水与面粉混合后静置30分钟至数小时后，再加入其他原材料的技巧。面粉的水合会引发其所含酶类的活性，在此期间开始形成麸质网状结构（面筋），从而达到减少最终搅拌时间的目的。

撕裂的生坯

不再光滑或者表面有明显裂纹的生坯。造成这个缺陷的原因有：生坯过度发酵；缺乏延展性；烘焙力过剩。

松弛

面团的缺陷之一：失去烘焙力，变得松垮。

塑型

将面团整形和卷起来，使其或多或少变紧实。

塌陷

又名收腰，用模具烘烤的面包两侧产生空洞，发生变形。

藤篮

垫有亚麻发酵布的柳条小篮子，可装入生坯进行最终发酵。

脱模

从模具里取出制成的成品，使后者具有前者特定的形状。

外壳

面包烘烤后的外层部分。

弯折

指的是在烘烤过程中变形成弓状或者弧线的面包。

醒发

对应发酵的时段。位于搅拌之后，整形和烘烤之间。另见基础发酵和最终发酵。

修剪

以精准的方式进行切割。

续养

通过添加水和面粉来喂养鲁邦种，赋予其养分和活力。为了避免酸度过高，有可能需要加入蜂蜜类的糖分，或者加入乳酸发酵剂，例如：酸奶或者其他乳制品。

迅速上色

指的是面包外壳在烘烤初期就着色过重。

一刀尖

与刀尖对应的测量单位（例如：一刀尖香草粉），少量。

一炉（窑）面包

最终整形后全部放入炉中烘烤的面包的数量。

引水

将水加进面团里进行水合。

油皮

又叫面皮层。由面粉、水、盐和（或）新鲜酵母组成的一个用于开酥的基本面团。可制作可颂面团、酥皮面团、面包面团或者布里欧修面团。

预整形

将生坯略微滚圆或者整成棍形，为最终整形做好准备。

增稠，黏贴

1 用增稠剂（淀粉、果胶、奶油、果酱）来达到增稠或者凝固的目的。
2 用水打湿表面使得两个面团黏在一起；用自制的食用胶水将烤好的面包主体黏到支撑物上（例如：装饰面包）。

增加筋性

通过作用于麸质的手揉力度，赋予面团弹性。

蘸

用液体打湿。

折叠

将面团的一面叠到另一面上。此动作常用在酥皮面团和发酵酥皮面团的翻面、开酥步骤里。

蒸汽

烤箱里喷射出的水，随后转化为水蒸气。能延迟外壳的形成，对面包成品的体积以及光泽度贡献良多。

种面

面包制作的方法之一。即在搅拌时，往面缸里放入限定数量的、以新鲜酵母起种并预先发酵好的面团。最常用于维也纳面包的生产。

装模

在烘烤前或者后，将面团、料糊或者内馅等填入模具内。

渍

食物烹饪或者储存里的一种技巧。用如下原材料将食材浸泡至饱和：醋（蔬菜），糖（水果），酒（水果），油脂（禽肉）。

最终发酵

又叫二发或二次发酵，是位于入炉和整形之间的最后一轮发酵，最好在温度为22～25℃，且湿度足够高、密闭的环境下进行。另见醒发。

最终整形

赋予面团最终的形状。

CAREME

致 谢

若没有协调小组的专业态度、热忱以及持续地跟进，这本书断不能问世。感谢利安娜·马拉尔（Leanne Mallard），以及诸位主厨们：奥利维耶·布多（Olivier Boudot），弗雷德里克·赫尔（Frédéric Hoël），文森特·索摩查（Vincent Somoza）和戈捷·德尼（Gauthier Denis）。感谢摄影师德尔菲娜·康斯坦丁尼（Delphine Constantini）和朱丽叶·图里尼（Juliette Turrini），感谢造型师梅拉尼·马丁（Mélanie Martin），感谢行政小组成员：凯·博迪内特（Kaye Baudinette），伊索尔·君度（Isaure Cointreau）和卡丽·利·布朗（Carrie Lee Brown）。

更要特别感谢来自拉鲁斯出版社的伊莎贝尔·杰伊–梅纳尔（Isabelle Jeuge-Maynart）和吉斯纳·斯托拉（Ghislaine Stora），以及背后的团队：艾米莉·弗朗克（Émilie Franc），杰拉尔丁·洛米（Géraldine Lamy），埃瓦·罗切特（Ewa Lochet），劳伦斯·阿尔瓦多（Laurence Alvado），埃莉斯·勒热纳（Élise Lejeune），奥萝拉·伊利（Aurore Élie），克莱芒蒂娜·坦吉（Clémentine Tanguy）和艾曼努埃尔·沙斯普尔（Emmanuel Chaspoul）。

来自近20个国家，逾30家学院的蓝带主厨们，为此书贡献了卓越的技艺和创造力，多亏你们，此书才能完成。蓝带和拉鲁斯出版社在此对你们致以深深感谢。

我们亦要向如下学院和主厨们呈上真挚的谢意。蓝带巴黎以及主厨们：法国最佳手工匠人奖获得者（Meilleurs Ouvriers de France）埃里克·布里法尔（Éric Briffard），帕特里克·卡尔斯（Patrick Caals），威廉斯·科西蒙（Williams Caussimon），菲利普·克莱格（Philippe Clergue），亚历山德拉·迪迪埃（Alexandra Didier），奥利维耶·居永（Olivier Guyon），勒内·凯尔德朗瓦（René Kerdranvat），弗朗克·普帕尔（Franck Poupard），克里斯蒂安·穆瓦纳（Christian Moine），纪尧姆·西格勒（Guillaume Siegler），法布里斯·达尼埃尔（Fabrice Danniel），弗雷德里克·德哈耶斯（Frédéric Deshayes），科朗坦·德鲁兰（Corentin Droulin），奥利维耶·马于（Oliver Mahut），埃马努埃莱·马尔泰利（Emanuele Martelli），索尤·帕克（Soyoun Park），弗雷德里克·霍埃尔（Frédéric Hoël）和戈捷·德尼（Gauthier Denis）。

蓝带伦敦以及主厨们：埃米尔·米内夫（Emil Minev），洛伊克·马尔费（Loïc Malfait），埃里克·贝迪亚（Éric Bédiat），贾迈勒·本德古吉（Jamal Bendghoughi），安东尼·博伊德（Anthony Boyd），大卫·迪韦尔热（David Duverger），雷金纳德·艾欧斯（Reginald Ioos），科林·韦斯特尔（Colin Westal），科林·巴尼特（Colin Barnett），伊恩·韦格霍恩（Ian Waghorn），朱丽·沃尔什（Julie Walsh），格雷姆·巴塞洛缪（Graeme Bartholomew），马修·霍吉特（Matthew Hodgett），尼古拉·胡谢（Nicolas Houchet），多米尼克·穆达特（Dominique Moudart），杰尔姆·庞达瑞斯（Jerome Pendaries），尼古拉·帕特松（Nicholas Patterson）和斯特凡·格利尼维茨（Stéphane Gliniewicz）。

蓝带马德里以及主厨们：埃尔万·波杜勒克（Erwan Poudoulec），杨·巴罗（Yann Barraud），大卫·米列特（David Millet），卡洛斯·科拉多（Carlos Collado），迭戈·穆尼奥斯（Diego Muñoz），纳塔利娅·巴斯克斯（Natalia Vázquez），大卫·维拉（David Vela），克莱芒·雷博（Clement Raybaud），阿曼丁·芬格（Amandine Finger），索尼娅·安德烈斯（Sonia Andrés）和阿曼达·罗德里格斯（Amanda Rodrigues）。

蓝带伊斯坦布尔以及主厨们：埃里克·鲁彭（Erich Ruppen），马克·波凯（Marc Pauquet），阿利詹·萨伊格（Alican Saygı），安德烈亚斯·埃尔尼（Andreas Erni），保罗·梅塔（Paul Métay）和吕卡·德·阿斯蒂斯（Luca De Astis）。

蓝带黎巴嫩以及主厨奥利维耶·帕吕（Olivier Pallut）和菲利普·韦弗兰（Philippe Wavrin）。

蓝带日本以及主厨吉勒斯·康帕尼（Gilles Company）。

蓝带韩国以及主厨们：塞巴斯蒂安·德·马萨尔（Sebastien de Massard），乔治·林盖森（Georges Ringeisen），皮埃尔·勒让德尔（Pierre Legendre），阿兰·米切尔·卡米纳德（Alain Michel Caminade）和克里斯托夫·马佐（Christophe Mazeaud）。

蓝带泰国以及主厨们：鲁道夫·翁诺（Rodolphe Onno），大卫·吉（David Gee），帕特里克·富尔诺（Patrick Fournes），普吕克·桑潘塔沃拉波（Pruek Sumpantaworaboot），弗雷德里克·勒格拉（Frédéric Legras），马克·拉苏瑞（Marc Razurel），托马斯·艾伯特（Thomas Albert），尼鲁希·乔特瓦拉（Niruch Chotwatchara），威莱拉·科诺帕克拉奥（Wilairat Kornnoppaklao），拉皮帕·波利本（Rapeepat Boriboon），阿提昆·坦特拉库（Atikhun Tantrakool），达米安·利恩（Damien Lien）和陈辉（Chan Fai）。

蓝带中国上海以及主厨们：法国最佳手工匠人奖获得者菲

利普·格鲁（Phillippe Groult），雷吉斯·费夫里耶（Régis Février），热罗姆·罗阿尔（Jérôme Rohard），雅尼克·蒂尔布瓦（Yannick Tirbois），本杰明·凡蒂尼（Benjamin Fantini），亚历山大·斯特凡（Alexander Stephan），卢瓦克·古布尤（Loic Goubiou），阿诺·苏谢（Arnaud Souchet），让-弗朗斯瓦·法维（Jean-Francois Favy）。
蓝带中国台湾以及主厨们：约瑟·柯（Jose Cau），塞巴斯蒂安·格拉斯兰（Sébastien Graslan）和弗洛里安·吉耶默诺（Florian Guillemenot）。
蓝带马来西亚以及主厨们：斯特凡·弗雷隆（Stéphane Frelon），蒂里·勒拉鲁（Thierry Lerallu），西尔万·杜布罗（Sylvain Dubreau），萨尔朱·拉纳瓦亚（Sarju Ranavaya）和赖·维尔松（Lai WilSon）。
蓝带澳大利亚和主厨汤姆·米利根（Tom Milligan）。
蓝带新西兰以及主厨们：塞巴斯蒂安·朗贝尔（Sébastien Lambert），弗朗西斯·莫塔（Francis Motta），文森特·布代（Vincent Boudet），埃文·米切尔森（Evan Michelson）和伊莱恩·杨（Elaine Young）。
蓝带渥太华以及主厨们：蒂里·乐博（Thierry Le Baut），奥雷利安·勒盖（Aurélien Legué），雅尼克·安东（Yannick Anton），杨·乐·科兹（Yann Le Coz）和尼古拉·贝洛热（Nicolas Belorgey）。
蓝带墨西哥以及主厨们：阿尔多·奥马尔·莫拉莱斯（Aldo Omar Morales），德尼·德拉瓦尔（Denis Delaval），卡洛斯·桑托斯（Carlos Santos），卡洛斯·巴雷拉（Carlos Barrera），埃德蒙多·马丁内斯（Edmundo Martínez）和理查德·勒科克（Richard Lecoq）。
蓝带秘鲁以及主厨们：格雷戈尔·丰克（Gregor Funcke），布鲁诺·阿里亚斯（Bruno Arias），哈维尔·安普埃罗（Javier Ampuero），托尔斯滕·恩德斯（Torsten Enders），皮埃尔·马尔尚（Pierre Marchand），路易·穆尼奥斯（Luis Muñoz），桑德罗·雷盖林（Sandro Reghellin），法昆多·塞拉（Facundo Serra），克里斯托夫·勒鲁瓦（Christophe Leroy），安杰尔·卡德纳斯（Angel Cárdenas），萨米埃尔·莫罗（Samuel Moreau），米伦卡·奥拉特（Milenka Olarte），丹尼尔·庞辛（Daniel Punchin），马丁·图弗罗（Martín Tufró）和加芙列拉·佐娅（Gabriela Zoia）。
蓝带圣保罗以及主厨们：帕特里克·马丁（Patrick Martin），雷娜塔·布劳内（Renata Braune），米歇尔·达克亚（Michel Darque），阿兰·于藏（Alain Uzan），法比奥·巴蒂斯泰拉（Fabio Battistella），弗拉维奥·桑托罗（Flavio Santoro），朱丽叶·苏莱（Juliete Soulé），萨尔瓦多·阿里埃尔·莱蒂耶里（Salvador Ariel Lettieri）和保罗·苏亚雷斯（Paulo Soares）。
蓝带里约热内卢以及主厨们：杨·坎普斯（Yann Kamps），尼古拉·舍维隆（Nicolas Chevelon），穆巴尔卡·盖尔非（Mbark Guerfi），菲利普·布里（Philippe Brye），马库斯·萨莱斯（Marcus Sales），巴勃罗·佩拉尔塔（Pablo Peralta），菲利普·拉尼（Philippe Lanie），格莱沙·布里托（Gleysa Brito），乔纳·费雷拉（Jonas Ferreira），蒂亚戈·德·奥利韦拉（Thiago de Oliveira），布鲁诺·科蒂尼奥（Bruno Coutinho）和沙利纳·丰塞卡（Charline Fonseca）。
一并向蓝带智利和印度团队致谢。

图书在版编目（CIP）数据

法国蓝带面包宝典 / 法国蓝带厨艺学院著；汤旎译
. —北京：中国轻工业出版社，2023.1
ISBN 978-7-5184-4111-2

Ⅰ. ①法… Ⅱ. ①法… ②汤… Ⅲ. ①面包—制作—法国 Ⅳ. ①TS213.2

中国版本图书馆 CIP 数据核字（2022）第 154615 号

责任编辑：王晓琛 谢 兢 责任终审：劳国强 整体设计：锋尚设计
策划编辑：王晓琛 责任校对：宋绿叶 责任监印：张京华

出版发行：中国轻工业出版社（北京东长安街6号，邮编：100740）
印 刷：鸿博昊天科技有限公司
经 销：各地新华书店
版 次：2023年1月第1版第1次印刷
开 本：880×1230 1/20 印张：16
字 数：400 千字
书 号：ISBN 978-7-5184-4111-2 定价：198.00元
邮购电话：010-65241695
发行电话：010-85119835 传真：85113293
网 址：http://www.chlip.com.cn
Email：club@chlip.com.cn
如发现图书残缺请与我社邮购联系调换
211105S1X101ZYW